U0962563

食品生物工艺专业改革创新教材系列

审定委员会

主　任　余世明

委　员　（以姓氏笔画为序）

王　刚　刘伟玲　刘海丹　许映花　许耀荣
余世明　陈明瞭　罗克宁　周发茂　胡宏佳
黄清文　潘　婷　戴杰卿

编写委员会

总主编　余世明

秘书长　陈明瞭

委　员　（以姓氏笔画为序）

王　刚　王建金　区敏红　邓宇兵　龙小清
龙伟彦　冯钊麟　刘　洋　刘海丹　江永丰
许映花　麦明隆　杨月通　利志刚　何广洪
何玉珍　何志伟　何婉宜　余世明　陈明瞭
陈柔豪　欧玉蓉　周发茂　周璐艳　郑慧敏
胡兆波　胡源媛　钟细娥　凌红妹　黄永达
章佳妮　曾丽芬　蔡　阳

MPR 出版物链码使用说明

本书中凡文字下方带有链码图标“══”的地方，均可通过“泛媒关联”App的扫码功能或“泛媒阅读”App的“扫一扫”功能，获得对应的多媒体内容。

您可以通过扫描下方的二维码下载“泛媒关联”App、“泛媒阅读”App。

“泛媒关联”App链码扫描操作步骤：

1. 打开“泛媒关联”App；
2. 将扫码框对准书中的链码扫描，即可播放多媒体内容。

“泛媒阅读”App链码扫描操作步骤：

1. 打开“泛媒阅读”App；
2. 打开“扫一扫”功能；
3. 扫描书中的链码，即可播放多媒体内容。

扫码体验：

千层蛋糕制作过程　　蜂巢蛋糕制作过程

食品生物工艺专业改革创新教材系列　　总主编　余世明

蛋糕生产工艺（第二版）

Cake Production

主编 ◎ 陈明瞭

暨南大学出版社
JINAN UNIVERSITY PRESS

中国·广州

图书在版编目（CIP）数据

蛋糕生产工艺／陈明瞭主编．—2 版．—广州：暨南大学出版社，2020.11（2025.8 重印）
（食品生物工艺专业改革创新教材系列）
ISBN 978－7－5668－2909－2

Ⅰ．①蛋… Ⅱ．①陈… Ⅲ．①蛋糕—糕点加工—教材 Ⅳ．①TS213.2

中国版本图书馆 CIP 数据核字（2020）第 115310 号

蛋糕生产工艺（第二版）
DANGAO SHENGCHAN GONGYI（DI-ER BAN）
主 编 陈明瞭

出版人 阳 翼
策划编辑 张仲玲
责任编辑 李倬吟
责任校对 刘舜怡 傅 迪
责任印制 周一丹 郑玉婷

出版发行：暨南大学出版社（511434）
电 话：总编室（8620）31105261
营销部（8620）37331682 37331689
传 真：（8620）31105289（办公室） 37331684（营销部）
网 址：http：//www.jnupress.com
排 版：广州市新晨文化发展有限公司
印 刷 广州市快美印刷有限公司
开 本 787mm×1092mm 1/16
印 张 10.5
字 数 260 千
版 次 2014 年 8 月第 1 版 2020 年 11 月第 2 版
印 次 2025 年 8 月第 8 次
定 价 43.00 元

（暨大版图书如有印装质量问题，请与出版社总编室联系调换）

编写说明

本书系食品生物工艺专业（烘焙食品方向）“蛋糕生产工艺”课程用书，是职业教育改革创新教材系列中的一本。

全书的编写彻底改变了传统教材以知识为中心，重在传授知识的观念，并结合使用对象的具体情况进行了改革，采用了模块教学的理念和特色，以素质为核心、以能力为本位，使教材浅显易懂、形象生动、易于操作、引人入胜，以吸引学生的注意力、激发学生的求知欲和探索精神。

本书既注重理论指导实践，也强调生产的实用性。在编写的时候，既考虑到必要性，又考虑到实用性，同时为了使读者容易明白，尽量配图说明。这是本书区别于市场上其他烘焙书籍的一大特点。

本书也适合作烘焙从业人员入门培训的教材。

本书由陈明瞭（广东省贸易职业技术学校高级讲师）主编，许映花（广东省贸易职业技术学校高级讲师）副主编，曾丽芬（广东省贸易职业技术学校高级讲师）、胡源媛（广东省贸易职业技术学校讲师）、冯钊麟（广州市花园大酒店西饼房主管、高级技师）、钟鹏飞（广东白燕粮油实业有限公司副总经理、西式面点技师）参编，并提供了部分实训项目的配方。全书由陈明瞭负责总纂。

本书所有的产品，由广东省贸易职业技术学校教师陈明瞭、许映花、曾丽芬、何广洪、卓永锋、杨涵、Heinz（兼职教师、美国小麦协会烘焙顾问）、冯钊麟等制作，并由专业公司拍摄成照片。

全书的面包师卡通动画系列由广东省贸易职业技术学校动漫教研组吕建雄老师、吴颖敏老师绘制，在此一并致谢！

本书编者及产品制作者照片

陈明瞭（本书主编）

许映花（本书副主编）

曾丽芬（本书参编）

胡源媛（本书参编）

冯钊麟（本书参编及产品制作者）

Heinz（本书产品制作者）

何广洪（本书产品制作者）

卓永锋（本书产品制作者）

杨涵（本书产品制作者）

CONTENTS

目录

模块二 乳沫类蛋糕

模块三 戚风类蛋糕

模块四 水果蛋糕与果仁蛋糕

模块五 其他各类蛋糕

开讲之前

认识烘培行业

师傅教路：烘培是英文baking的翻译，烘培食品一般是指用烤炉烤制出的食品。作为一名烘培食品从业人员，一要有技能，二要有责任，三要讲卫生，最重要的是要有职业操守。

项目一

烘焙从业人员岗前须知

任务一　认识车间（烘焙实训室）规则

查一查：

车间（烘焙实训室）有什么“军规”？

1. 听从教师指导，按规定的方法和程序进行操作，按要求做好实验记录。

2. 每个小组的组长负责管理本组的实操，分配工具、设备和清洁任务。

3. 上实训课不得迟到、早退，有事外出必须向任课老师或实训指导老师请假，每天的实训课未经老师允许不能随便离开实训室。

4. 各组保管好工具、器具，如有遗失、损坏，按有关规定处理。

5. 实训室内一切设备未经实训老师许可，不得乱动。

6. 实训室内不能随便坐下，包括地上、搅拌机上、操作台上、窗台上、原材料上，需要休息要到走廊。

7. 要爱护实验设备、节约用料，各项物品应按要求放在指定位置，不准乱取、乱放。

8. 实验产品不得私自品尝，不得把实验产品带出实训室，必须在老师允许的情况下品尝。

9. 实验结束后，应清洗整理本组所有设备、工具及器具，擦净后放回原处，并按卫生值日表的安排搞好各组公共卫生；待各项卫生指标达到老师的要求时，学生方可离开实训室。

10. 离开实训室时，应关好水掣、电源、气源，整理好工具、器具等设备，关好门窗。

任务二　认识食品安全与卫生

数一数：

食品从业人员的个人卫生要求有哪些？

1. 患有痢疾、伤寒、病毒性肝炎等消化道传染病的人员，以及患有活动性肺结核、化脓性或者渗出性皮肤病等有碍食品安全的疾病的人员，不得从事接触直接入口食品的工作。

2. 进入车间（烘焙实训室）必须穿好工作服，戴好工作帽，扣好衣服所有的扣子。

3. 注意个人卫生，勤洗工作服（不能沾有污物），不能留长指甲，女生不能披散长发，不能穿拖鞋、短裤和短裙。

4. 不允许佩戴任何首饰（耳环、戒指、项链、手镯），实操前要洗手。

议一议：

1. 食品从业人员是否每年都要进行健康检查，取得健康证明后方可参加工作？

2. 为什么要戴工作帽？怎样才算合格？

3. 能穿工作服出车间（烘焙实训室）吗？

4. 首饰（耳环、戒指、项链、手镯）很好看，为什么禁止佩戴？

看一看、评一评：

观看下面几张图片，说一说哪个是正确的，哪个是错误的。错误的地方请指出。

图 1－1

图 1－2

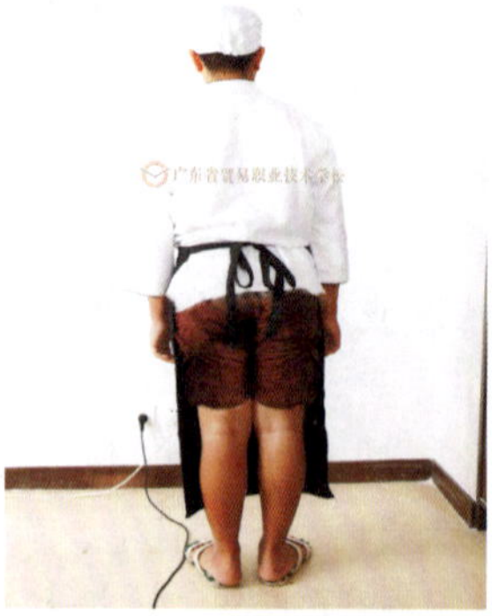

图 1－3

图 1－4

图 1－5

行家出手：

1. 对原料的要求：符合食品安全标准（色素、添加剂等不超标）。

2. 对成品的要求：禁止生产腐败变质、油脂酸败、霉变生虫、污秽不洁、混有异物、掺假掺杂或感官性状异常的食品。

3. 对车间的要求：符合食品生产安全标准，有相应的消毒、更衣、盥洗、采光、照明、通风、防腐、防尘、防蝇、防鼠、防虫、洗涤以及处理废水、存放垃圾和废弃物的设备或设施。

查一查：

《中华人民共和国食品安全法》从什么时候开始正式实施？

你讲我说：

1. 在实训室如何安全用电？
2. 在实训室如何安全用水？
3. 在实训室如何安全用气？

生产操作，安全第一

高手支招：原料如何储存才安全

1. 水果、蔬菜、鸡蛋、牛奶、淡忌廉（奶油）不能放入冷冻区（－18℃），只能放入冷藏区（0℃～4℃）。

2. 甜忌廉需要放在冷冻区保存，果仁、天然奶油可以常温保存，也可以冷藏保存，无须冷冻。

3. 面粉、糖、普通油脂、酵母、盐等可常温储存。

指点迷津：机器操作与生产过程安全

1. 搅拌机用法：换挡要停机，开机要看桶，搅拌面团用中速或慢速，搅拌面糊用中速或高速。

2. 烤炉用法：注意避免烫伤，包括接触、蒸汽。

3. 醒发箱用法：每次开机都要重新设置温度和湿度。

如何处理烫伤、刀伤？

项目二

蛋糕生产设备工具与蛋糕分类

任务三　认识蛋糕生产设备与用具

搅拌机

立式

卧式

斜式

试一试：

怎样把搅拌缸装好？如何开动和停止搅拌机？如何转换速度？

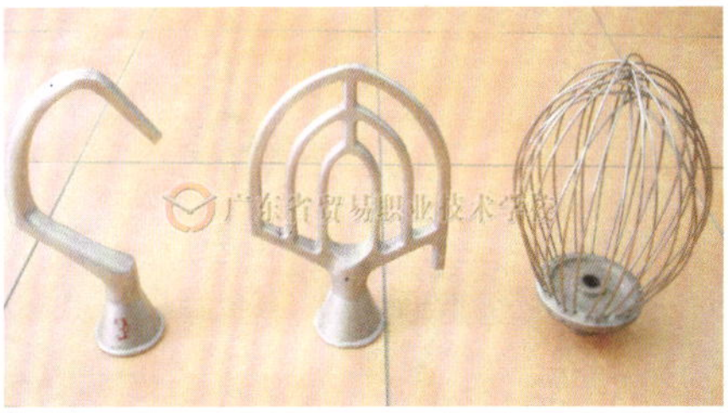

立式搅拌机的 3 种搅拌头

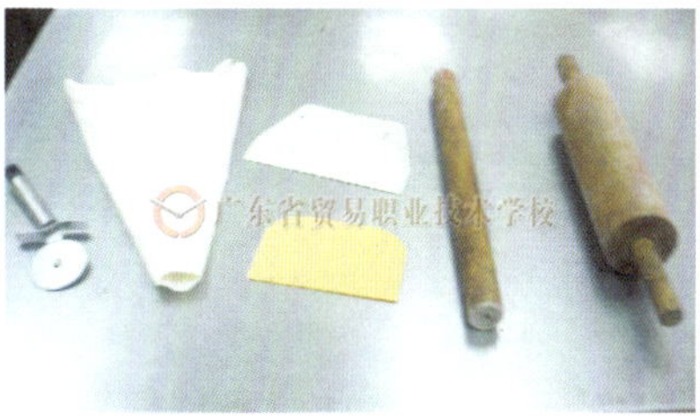

轮刀、裱花袋、塑料括刀、酥棍、走槌

3 种搅拌头各有什么作用？酥棍和走槌有什么不同？

台秤

电子秤

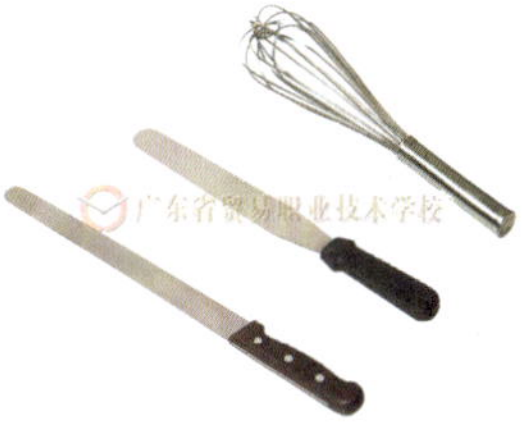

面包刀、蛋糕抹刀、蛋甩

还有量杯、面团温度计等。

说一说：

1. 电子秤中的“置零”“去皮”是什么意思？如何操作？
2. 面包刀的刀刃为什么要做成锯齿状？

活动蛋糕模

圆形蛋糕模（蛋糕圈）

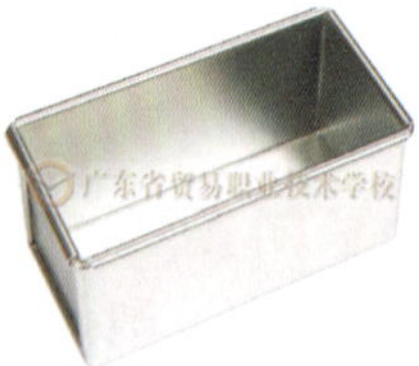

吐司烤模

层式烤炉

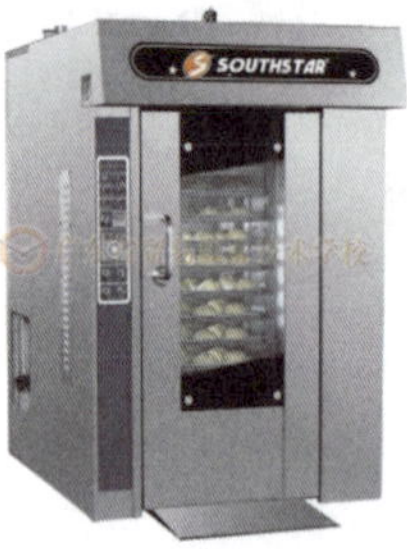

旋转式烤炉

隧道式烤炉

练一练：

1. 找到烤炉的电源开关，学会开和关操作。
2. 上火、下火温度怎么设定？如何调节？
3. 蒸汽开关在哪里？
4. 定时开关在什么地方？怎样定时？

任务四　认识蛋糕产品和蛋糕分类

蛋糕是指以面粉、糖、鸡蛋或油脂为主要原料，加上或不加其他辅料，以打发鸡蛋或油脂作为主要起发、膨松的途径，并经过烘烤而制成的西式甜点。

根据蛋糕的不同特点，又可分为以下几类：面糊类蛋糕（以打发油脂作为起发途径）、乳沫类蛋糕（以打发全蛋或蛋白作为起发途径）、戚风类蛋糕（结合面糊类蛋糕和乳沫类蛋糕两种方法而制成的蛋糕）。

面糊类蛋糕

乳沫类蛋糕

戚风类蛋糕

如何学好烘焙课程

行家出手：

多看：到面包店、蛋糕店和西饼店，看别人的产品种类，看别人的新产品，看别人的新用料，看别人的经营模式。

多学：学别人的产品造型，学别人的操作手法，学别人的制作过程，学别人的营销手段。

多练：练操作的基本功，练动作的熟练度，练动作的快速程度。

用力：做蛋糕、面包等西点，都是力气活，所以要用力。

用脑：做蛋糕、面包等西点，也是个技术活，所以要用脑，要想为什么要用这个动作而不用别的动作，为什么是这样做而不是那样做，为什么要用这种材料而不用别的材料，为什么是用这种成型方法而不用别的成型方法，等等。

用心：做蛋糕、面包等西点，更重要的是要用心，心里要充满对烘焙的热爱，心里要有对技术的不断追求，心里要有对产品、顾客负责的心态，心里要有从事烘焙行业的职业操守。

说一说：

你认为烘焙行业的工匠精神是什么？

模块一

面糊类蛋糕

师傅教路： 面糊类蛋糕，也称磅蛋糕，因为它是用大量的黄油经过搅打再加入鸡蛋和面粉制成的一类蛋糕。一般的奶油蛋糕像牛油戟蛋糕、魔鬼蛋糕、大理石蛋糕都属于面糊类蛋糕。

重奶油蛋糕

任务一　重奶油蛋糕（糖油拌合法）

一、配方

原料	烘焙百分比（%）	重量（克）
低筋粉	100	1 000
糖	100	1 000
奶油	80	800
盐	2	20
鸡蛋	88	880
牛奶	20	200
发粉	0.6	6
蛋糕油	2	20
总计	392.6	3 926

（400 克方包模具 5 个）

二、制作方法

1. 提前把低筋粉、发粉混合过筛。

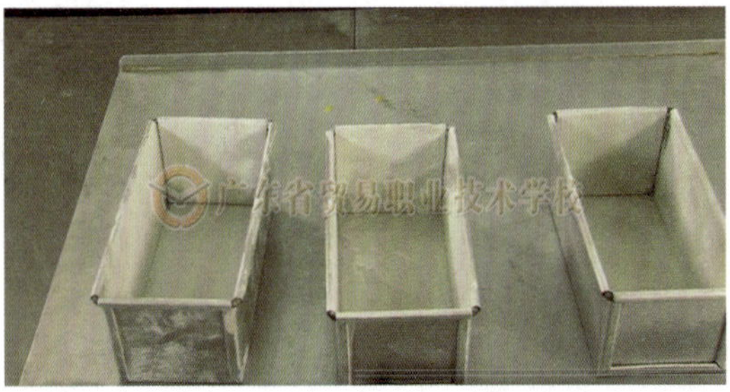

2. 烤模刷上已熔化的奶油，然后沾上高筋粉，提前开好烤炉，温度设为 190℃/170℃。

3. 使用糖油拌合法搅拌，糖、油脂、盐用搅拌桨中速搅拌至松发状态。

4. 鸡蛋分次加入，中速搅拌均匀，必要时可以加入适量低筋粉，避免油水分离。

5. 低筋粉、发粉和牛奶交替加入，慢速搅拌均匀。

6. 装模，六七成满，可用沾了熔化的奶油的刮板在蛋糕表面中间切口。

7. 入炉烘烤，温度设为190℃/170℃，25分钟后，用刀在蛋糕表面割口，调温至160℃/175℃，烘烤至熟，用牙签法或手指按压法判断成熟度。

8. 出炉后，脱模冷却。

三、产品照片

四、产品特点

重奶油蛋糕油脂含量较高，具有浓郁的奶油香味，口感细腻绵软。

说一说：

奶油蛋糕的口感有什么特点？

（松软？结实？清香？油腻？）

指点迷津：

奶油蛋糕，如牛油戟蛋糕、魔鬼蛋糕、大理石蛋糕，均属于面糊类蛋糕，也称磅蛋糕。它是用大量的黄油经过搅打而膨松，再加入鸡蛋和面粉制成的一种蛋糕。因为不是通过打发蛋液来增加蛋糕组织的松软度，因此口感上会比乳沫类蛋糕和戚风类蛋糕结实一些。由于蛋糕中含有成分很高的油脂，因此口感比较油腻。

任务二　重奶油蛋糕（粉油拌合法）

一、配方

原料	烘焙百分比（%）	重量（克）
低筋粉	100	1 000
糖	100	1 000
奶油	80	800
盐	2	20
鸡蛋	88	880
牛奶	20	200
发粉	0. 6	6
蛋糕油	2	20
总计	392. 6	3 926

（400 克方包模具 5 个）

二、制作方法

1. 提前把低筋粉、发粉混合过筛。

2. 烤模刷上已熔化的奶油，然后沾上高筋粉，提前开好烤炉，温度设为190℃/170℃。

3. 使用粉油拌合法搅拌，低筋粉、发粉、油脂用搅拌桨慢速搅拌均匀。

4. 加入糖、盐，中速搅拌至松发状态。

5. 分次加入鸡蛋，中速搅拌均匀，必要时可以加入适量低筋粉以避免油水分离。

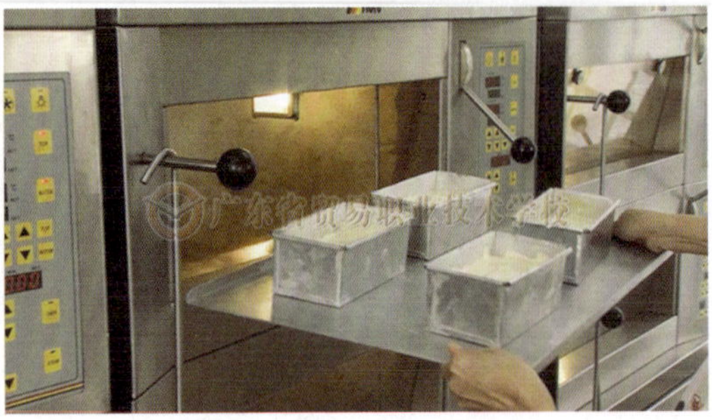

6. 装模，六七成满，可用沾了熔化的奶油的刮板在蛋糕表面中间切口。

7. 入炉烘烤，温度设为190℃/170℃，25分钟后，用刀在蛋糕表面割口，调温至160℃/175℃，烘烤至熟，用牙签法或手指按压法判断成熟度。

8. 出炉后，脱模冷却。

三、产品照片

四、产品特点

用粉油拌合法制作的蛋糕组织细腻、光滑，但口感粉味较重，缺乏油香味。

动动脑筋：

奶油在面糊类蛋糕制作过程中有什么作用？

指点迷津：

在面糊类蛋糕制作过程中，奶油帮助面糊在搅拌时融合大量空气，具有膨发作用。同时奶油可以润滑面糊，使之产生柔软的组织。

找一找：

用粉油拌合法制作的奶油蛋糕与用糖油拌合法制作的奶油蛋糕的组织和体积有什么不同？

魔鬼蛋糕

一、配方

面糊	原料	烘焙百分比（%）	重量（克）
黄面糊	低筋粉	100	900
	糖	100	900
	盐	1	9
	奶油	50	450
	白油	30	270
	鸡蛋	88	792
	牛奶	26	234
	发粉	0.8	7.2
	合计	395.8	3 562.2
黑面糊	黄面糊	100	900
	水	8	70
	发粉	0.3	3
	可可粉	5	45
	合计	113.3	1 018

（400 克方包模具 4 个）

二、制作方法

1. 提前把低筋粉、发粉混合过筛。

2. 烤模刷上已熔化的奶油，然后沾上高筋粉，提前开好烤炉，温度设为 190℃/170℃。

3. 使用糖油拌合法搅拌，糖、油脂、盐用搅拌浆中速搅拌至松发状态。

4. 鸡蛋分次加入，中速搅拌均匀，必要时可以加入适量低筋粉以避免油水分离。

5. 低筋粉、发粉和牛奶交替加入，慢速搅拌均匀，即为黄面糊。

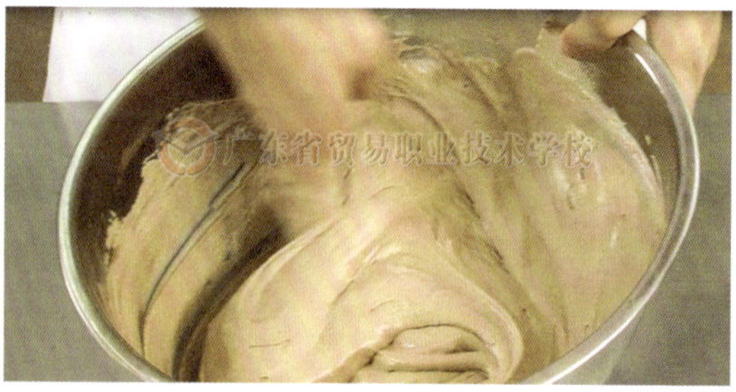

6. 取出黄面糊 900 克，加上可可粉、水、发粉搅拌均匀，即为黑面糊。

7. 先往烤模内加入约占烤模总面糊量 1/3 的黄面糊，作为第一层，抹平。

8. 再加入约占烤模总面糊量 1/3 的黑面糊，作为第二层，抹平；最后加入约占烤模总面糊量 1/3 的黄面糊，作为第三层，抹平。

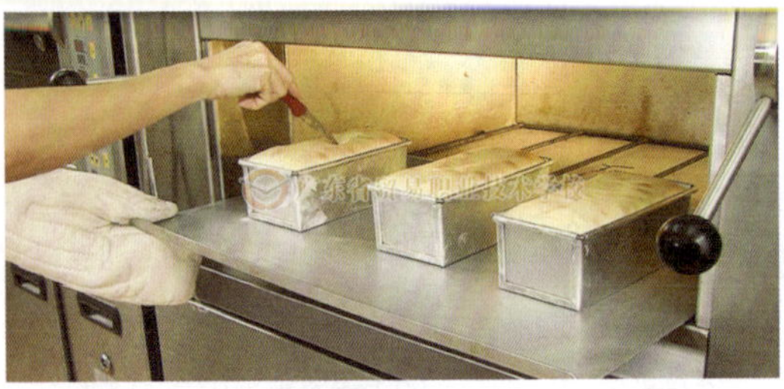

9. 入炉烘烤，温度设为190℃/170℃，25分钟后，用刀在蛋糕表面割口，调温至160℃/175℃，烘烤至熟，用牙签法或手指按压法判断成熟度。

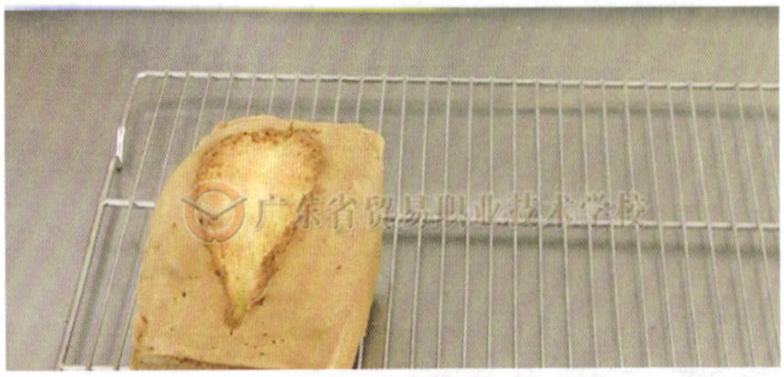

10. 出炉后，脱模冷却。

三、产品照片

四、产品特点

待蛋糕冷却后从中间切开，可见清晰的灰色鬼脸曲线，这样，香浓美味的魔鬼蛋糕就制作完成了。

议一议：

不能形成魔鬼图案的原因有哪些？

轻奶油蛋糕

一、配方

原料	烘焙百分比（%）	重量（克）
低筋粉	100	350
糖	110	385
盐	1	3.5
奶油	50	175
鸡蛋	65	227.5
牛奶	53	185.5
发粉	2	7
可可粉	10	35
花生碎	20	70
总计	411	1 438.5

二、制作方法

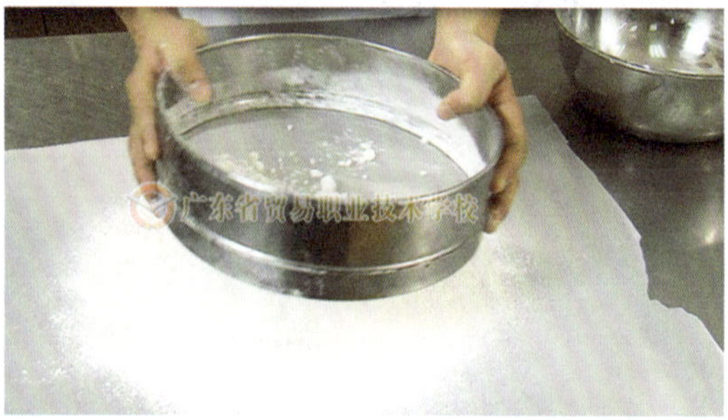

1. 提前把低筋粉、发粉混合过筛。

2. 使用糖油拌合法搅拌，糖、盐、奶油放入搅拌缸，使用搅拌桨中速搅拌至松发状态。

3. 鸡蛋分次加入，中速搅拌均匀，必要时可以加入适量低筋粉以避免油水分离。

4. 低筋粉、发粉、可可粉和牛奶交替加入，慢速搅拌均匀。

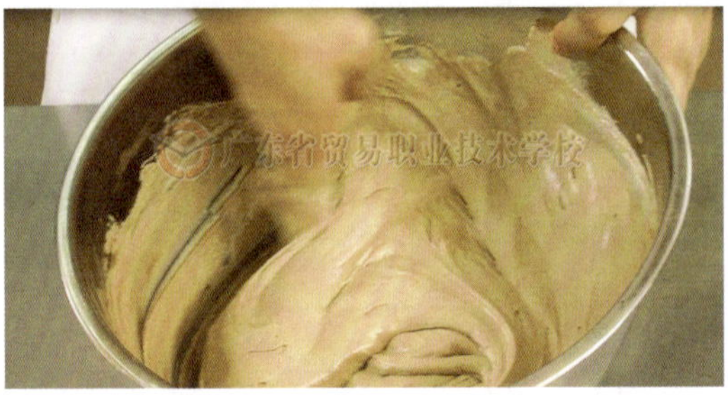

5. 花生烤香碾碎，加入拌匀，留出部分较大的颗粒。

6. 面糊装入纸杯至七成满，表面撒上大颗粒的花生。

7. 入炉烘烤约20分钟，温度设为190℃/180℃。

8. 出炉，冷却。

三、产品照片

四、产品特点

轻奶油蛋糕具有浓郁的奶油味和可可粉的香味，花生香脆。相对重奶油蛋糕来说，其组织比较粗糙。

你讲我说：

在油脂含量上，重奶油蛋糕与轻奶油蛋糕有什么区别?

行家出手：

重奶油蛋糕的油脂用量大于面粉量的60%，其在搅拌过程中所融合的空气已足够蛋糕在烤炉中膨胀；轻奶油蛋糕的油脂用量低于面粉量的60%，需要使用发粉或者小苏打来帮助蛋糕膨发。

糖油拌合法和粉油拌合法

制作面糊类蛋糕共有五种面糊搅拌方法，每种方法各有优缺点。其中最常用的是糖油拌合法。

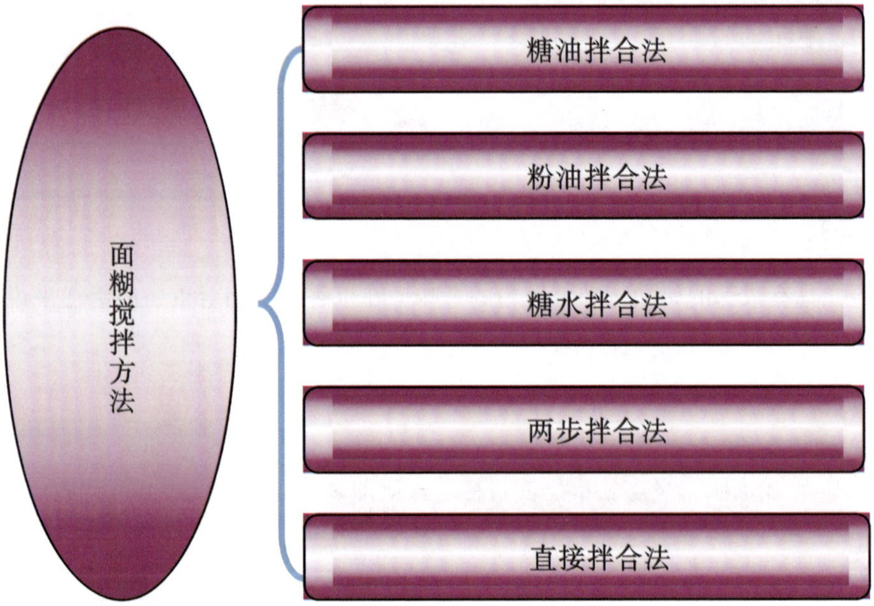

任务一　糖油拌合法

想一想：

1. 还记得我们做魔鬼蛋糕时的操作步骤吗？能否复述一遍？

2. 搅拌牛油戟时，应该把黄奶油搅拌到什么程度？怎样判断松发完成？

师傅教路：

1. 面糊的搅拌步骤：

（1）使用桨状搅拌器将配方中所有的糖、盐和油脂倒入搅拌缸内，用中速搅拌 8～10 分钟，直至所搅拌的糖和油膨松呈绒毛状。其间要数次将机器停止，用刮刀拌匀缸底未搅拌均匀的油，再予以搅拌。

（2）蛋分多次慢慢加入第一步已拌发的糖油中，并把缸底未拌匀的原料拌匀，待最后一次加入后应搅拌至均匀细腻，不应再有颗粒存在。

（3）奶粉溶于水，面粉与发粉拌合并过筛，分作三次与牛奶交替加入以上混合物内，每次加入时应以线状慢慢地加入搅拌物中。用低速继续将加入的干性原料拌至均匀光滑，然后将搅拌机停止，用刮刀刮匀搅拌缸四周及底部未搅拌到的面糊。

（4）继续添加剩余的干性原料和牛奶，直到全部原料加入并搅拌至光滑均匀即可，但应注意避免搅拌太久。

2. 奶油打发终点的判断依据：

（1）糖油混合物颜色发白。

（2）混合物呈绒毛状。

（3）搅拌桨的运行轨迹留下清晰痕迹。

小贴士：

使用糖油拌合法时如何确保面糊不会出现油水分离现象？

鸡蛋要缓慢加入，每次一个左右即可，否则容易出现油水分离的现象。出现油水分离现象可以立即加入面粉缓解（面粉可以吸水）。加入大量面粉后不能快速搅拌，否则容易起筋。

任务二　粉油拌合法

师傅教路：

1. 把配方内的面粉、发粉一起过筛，放入搅拌缸内，加入油脂，用桨状搅拌器把油和面粉一起搅拌。先使用慢速，等油和面粉搅拌至相互混合均匀后，再用中速搅拌至膨松状态。在搅拌过程中，要用塑料刮刀刮几次缸底，以便搅拌均匀。

2. 搅拌均匀后，加入糖、盐，继续用中速搅拌。此阶段把原料搅拌均匀即可，不用搅拌太久。

3. 改用慢速搅拌，把配方内的大部分牛奶慢慢加入，搅拌至均匀。然后把配方内的蛋分数次加入，每加入一次鸡蛋，都要搅拌均匀后继续加入。加入蛋后可改用中速搅拌。同时，每次加蛋时都要停机，用塑料刮刀刮缸底，以保证原料混合均匀。

4. 加入剩余的牛奶，继续用中速搅拌至糖全部溶解，面糊光滑。

粉油拌合法的特点：比糖油拌合法做出来的蛋糕组织更加细密、松软、体积稍小。但要注意，粉油拌合法在油含量较高时（油脂用量大于60%）才能使用，且要控制搅拌速度和时间，不要打出面筋，同时面粉的面筋要低些。

找不同：

糖油拌合法和粉油拌合法有什么区别？

指点迷津：

粉油拌合法的目的和效果与糖油拌合法大致相同，但经本法拌合的面糊所做成的蛋糕较糖油拌合法所做的更为松软，组织更为细密。用糖油拌合法所做的蛋糕体积较大，所以我们如需要较大体积的蛋糕时，可采用糖油拌合法；如需要组织细密且松软的蛋糕，应采用粉油拌合法。不过，使用粉油拌合法时，油脂用量不能少于60%，否则得不到应有的效果。

项目五

面糊类蛋糕面糊比重与测定

说一说：

1. 什么叫面糊比重？
2. 测定面糊比重对制作蛋糕有什么作用？

行家出手：

面糊比重：比重也称相对密度，是指某种物质的密度与相同条件下水的密度的比值。面糊比重，就是相同体积的蛋糕面糊的密度与水的密度的比值。

测定蛋糕面糊比重的作用：测定蛋糕面糊比重，可用来控制蛋糕搅拌的程度，判断蛋糕搅拌的终点。每一种蛋糕搅拌时，面糊都有一定的比重，控制得好，才能制得理想的蛋糕。

面糊比重对蛋糕品质的影响：蛋糕面糊在搅拌过程中，不断地拌入空气，使之膨胀。拌入的空气越多，蛋糕面糊比重越小，烘烤的蛋糕体积较大，内部组织结构较松软。但是，若拌入空气过多，则所得成品组织粗糙、气孔较大、口感差；若搅拌不足，拌入空气太少，则蛋糕面糊比重较大，内部不够膨松，成品体积较小。因此，搅拌蛋糕面糊达到标准比重，才能有理想的成品。

小贴士：

面糊类蛋糕面糊比重的标准：加粉前的面糊比重约为0.45，加粉后面糊比重为0.7～0.8。若比重过大，蛋糕进炉后膨胀无力，形成的产品体积小，内部组织坚韧；若比重过小，则蛋糕体积太大，内部组织虽然松软但太过粗糙，蛋糕进炉后膨胀过快，水分损失太多，口感较为干燥。

做一做：

让我们来测一下面糊的比重吧！

取杯子一个，称出杯子净重 G_0，加满水后称出水和杯子的总重 G_1。将水倒掉，再装面糊，刮平，称出面糊和杯子的总重 G_2，由于水的密度是 $1g/cm^3$，所以面糊的比重计算公式为：

$d=(G_2-G_0)/(G_1-G_0)$

用中文表示则为：

面糊的比重＝（面糊和杯子的总重－杯子净重）/（水和杯子的总重－杯子净重）

或者可以简化为：

面糊的比重＝相同体积的面糊重/相同体积的水重

例如，杯子重量30克，盛满水后重量为250克。把水倒掉另盛装面糊，用刀刮去多余的面糊，使其与杯口平齐，称重200克。则面糊比重为：

$d=(200-30)/(250-30)\approx 0.77$

注意：在装入面糊时，必须保证容器内不要留有气泡，也不可将盛满面糊的容器在操作台上敲打，以免面糊内的空气囊被破坏而使其变量失去参考性。容器装满后用一把平刀抹去多余的面糊，再去称量。

面糊类蛋糕的烘烤

师傅教路：

1. 蛋糕入炉前应做好如下准备：

（1）打开烤炉电源开关，设定好温度（包括面火和底火），预热烤炉。

（2）装好了面糊的烤盘，一般都要用力在地上或操作台上猛振几下，以去除面糊中的大孔洞，保证出来的成品内部组织细密。

（3）在面糊即将进炉前，必须确认炉温已达到所要求的温度，否则成品的质量得不到保证。

（4）准备好出炉盛放烤盘的架子车或其他物件，保证蛋糕的出炉、脱模和存放的空间，准备好相应的器具，保证蛋糕可以很好地冷却。

2. 影响烘烤温度和时间的因素有以下几个方面：

（1）面糊的多少与厚薄。面糊多的、厚度高的、表面积相对小的，一般采用低温长时来烘烤，反之则采用高温短时来烘烤。

（2）配方中糖、蛋、水果等的用量。糖、蛋、水果等是容易上色的原料，在高温下容易烤焦或颜色过深，含这些配料越多的面糊，烘烤温度应越低。

（3）炉内蒸汽的多少。烤炉内如开了蒸汽，会有较多的蒸汽存在，则面糊可以使用高一些的温度来烘烤。

（4）烤盘的大小、形状和材料，也对烘烤有影响。大烤盘、高身烤盘、形状不规则的烤盘、传热性慢和材料厚的烤盘，烘烤温度应该低些。

（5）表面有干果、糖、果仁等装饰材料的，烘烤温度应该低些。

3. 蛋糕成熟度测试：

（1）手感测试法。有经验的人员，可以用手感来测试蛋糕的成熟度。当用手轻压蛋糕表面时，感觉蛋糕组织厚实、没有空洞时，就是熟了，可以出炉。

（2）牙签测试法。没有经验的人员，可以用牙签轻轻插进蛋糕组织里，再拔出牙签，看牙签上是否沾有湿的面糊，若没有，就是熟了。反之，则没有熟。

行家出手：

制品在烘烤过程中发生一系列物理、化学和生物变化，如水分蒸发、气体膨胀、蛋白质凝固、淀粉糊化、油脂熔化和氧化、糖的焦糖化和美拉德褐变反应等，经烘焙产生悦人的色泽和香味。一般会经历急胀挺发、成熟定型、表面上色和内部烘透几个过程：

（1）急胀挺发：制品内部的气体受热膨胀，体积随之迅速增大。

（2）成熟定型：由于蛋白质凝固和淀粉糊化，制品结构定型并基本成熟。

（3）表面上色：由于表面温度较高而形成表皮，加上糖的焦糖化和美拉德褐变反应，表皮色泽逐渐加深，但制品内部还较湿、口感发黏。

（4）内部烘透：随着热渗透和水分进一步蒸发，制品内部组织烤至最佳程度，既不黏牙也不发干，且表皮色泽和硬度适当。

在烘焙的前两个阶段不应打开炉门，以免影响制品的挺发、定型和体积胀大。进入第三阶段后，要注意表皮和底部的色泽，必要时适当调节面火和底火，防止色泽过深，甚至焦糊。

高手支招：面糊类蛋糕的冷却与后处理

蛋糕烤熟自烤炉中取出后，应根据蛋糕的不同品质，做相应的处理。面糊类蛋糕自烤炉中取出后，一般继续留置烤盘内约 10 分钟，待热量散发后，烤盘不炽热烫手时就可把蛋糕从烤盘内取出。多数重油蛋糕出炉后不做任何奶油装饰，保持其原来的本色出售。若需用奶油或巧克力等做装饰的蛋糕，则在取出后继续冷却 1 ~ 2 小时，待完全冷却后再做装饰。目前焙烤好的蛋糕常用自然冷却方法冷却，但在自然冷却过程中不可避免地存在微生物污染问题，且蛋糕温度在一定时间内还会保持在一个微生物适宜繁殖的温度区间（30℃ ~ 70℃），因此在冷却过程中一定要保持良好的环境卫生。市场上大多数蛋糕店或面包房，基本只能保持现制现销的模式，主要原因就是目前市场上还缺少既能最大程度保持糕点品质，又能使制作后的糕点快速通过适宜微生物繁殖的温度区间，从而最大程度地延长产品保质期的有效措施。

蛋糕大讲坛　蛋糕原料的选用（一）

一、面粉

想一想：

1. 做蛋糕用高筋粉还是低筋粉？对于制作蛋糕的面粉有哪些要求？

2. 制作蛋糕时面粉起到什么作用？

行家出手：

1. 制作蛋糕应选用蛋白质含量为7%～9%的面粉（湿面筋含量一般为18%～24%），即低筋粉或蛋糕专用粉。除此以外，还要求灰分含量在0.4%以下，细度较细，pH值为4.6～5.1。

使用面筋含量太高的蛋糕粉，会引起蛋糕体积收缩，导致蛋糕体积变小。但若面筋含量太低，则不能支撑整个蛋糕的组织，同样会使蛋糕体积变小。

2. 面粉在蛋糕制作中的作用是：

（1）面筋承受蛋糕面糊在焙烤时产生的胀力。

（2）经烘烤后形成蛋糕组织。

二、油脂

议一议：

1. 说出我们在蛋糕制作中常用到的油脂。

2. 油脂在制作蛋糕时起到什么作用？

师傅教路：

在蛋糕生产中常用的烘焙油脂有奶油、人造奶油（黄油）、氢化油（白油）、酥油等。人造奶油根据熔点不同分为普通黄油、涂抹用奶油、片酥油。还有用于做馅或装饰的鲜奶油（忌廉），包括动物鲜奶油（淡忌廉）、植脂鲜奶油（甜忌廉）。在蛋糕生产中我们也常用色拉油、调和油、豆油、橄榄油等液体油脂。

高手支招：

1. 油脂是一种天然的润滑剂，在蛋糕中起到润滑作用，使蛋糕组织均匀、细腻。

2. 固体油脂可以打发，使蛋糕体积膨大、膨松，同时减少水分挥发，使蛋糕保水性好、柔软，改善表皮。

3. 油脂是产生能量的三大物质之一，能使人体产生热量，营养价值高。

烘焙大视野　面糊类蛋糕

面糊类蛋糕，英文为 Batter Type Cake，也称为磅蛋糕。因为在最开始做的面糊类蛋糕配方中，面粉、糖、鸡蛋、奶油的用量都是 1 磅，便称为 Pound Cake。

面糊类蛋糕的特点：含有高比例的油脂，用以润滑面糊、产生柔软的组织、帮助面糊在搅拌中融合大量的空气并产生膨大作用。

根据配方中油脂用量的多少，面糊类蛋糕又可分为重油蛋糕和轻油蛋糕。油脂用量大于 60% 的，属于重油蛋糕；油用量小于 60% 的，则属于轻油蛋糕。

油脂用量大于 60% 的，主要依靠油脂在搅拌过程中拌入的空气使蛋糕膨发；油脂用量小于 60% 的，则需加入发粉以帮助膨发。

面糊类蛋糕的搅拌，通常使用糖油拌合法或粉油拌合法。当配方中含有适量的蛋糕油时，则也可以使用直接拌合法。

根据蛋糕产品的松软程度、口感、外形，可将面糊类蛋糕分为高成分蛋糕和低成分蛋糕。高成分蛋糕的水分含量高、组织松软、口感好，但易碎、外形不易保持（对面粉品质要求较高）；低成分蛋糕则水分含量低、组织细腻、口感偏硬，但外形好。

市面上售卖的面糊类蛋糕大多是切片后出售的。

在面糊类蛋糕的生产制作过程中，影响蛋糕质量的因素主要有两个：

1. 油脂的打发程度。

油脂的打发程度影响蛋糕成品的松软程度。在搅拌的机械作用下，空气进入油脂内，形成小气泡，使油脂膨松，面糊体积增大。油脂打发得越膨松，蛋糕质地越疏松，但膨松过度会影响蛋糕成品的形状。

油脂的打发程度，除了与搅拌因素有关外，还与油脂本身的性质如融合性、可塑性有关。可塑性好的油脂，容易拌入空气；融合性好的油脂，能够很好地保存打入面糊内的空气。另外，细砂糖有助于油脂的膨松。

2. 蛋与油脂的乳化程度。

在面糊类蛋糕的搅拌中，当油脂打发到一定程度后，就可以加入蛋了。蛋加入打发的油脂中时，蛋中的水分与油脂即在搅拌的机械作用下发生乳化作用。蛋中的水分与油脂的乳化程度对蛋糕成品的品质有很大影响。乳化越充分，制品的组织越均匀，口感也越好。面糊类蛋糕在搅拌时，如果蛋加得太早或每次加入蛋后未充分搅拌均匀，就容易因乳化不好而出现油水分离的现象，即面糊呈豆腐花状。

知识拓展　面糊类蛋糕的配方平衡

一、面糊类蛋糕配方平衡的总体原则

发粉：轻油的情况下发粉用量为2%～6%，重油的情况下发粉用量为0～2%（在超过60%油脂的配方中，如需要加发粉来增加松软性，一般添加1%的发粉，需要添加5%的水予以平衡）。

盐：用量随糖的量变化，一般为1%～3%，考虑油脂是否含盐。

鸡蛋：用量随糖的量变化，糖多，蛋应增加，同时蛋和油之间的比例为相差10%，如果用蛋白代替全蛋，要将全蛋量乘以1.3（经验系数），并将牛奶量减少，同时适当加入0.5%的塔塔粉。

使用可可粉或巧克力时应注意调整膨松剂（发粉、苏打）的用量、油脂量（油性的一半）和水量（1.5倍）。

二、低成分面糊类蛋糕配方的平衡公式

1. 总水分% =蛋% +牛奶%。
2. 总水分% =糖% +系数+校正系数。

   其中：系数=5%～15%；

   校正系数=（基准糖量% −糖%）/2。

   因此，总水分% =糖% +10% +（基准糖量% −糖%）/2。

   备注：对于低成分面糊蛋糕，基准糖量=100。
3. 油% =蛋% −蛋% ×10%。
4. 蛋% =油% +油% ×10%。
5. 发粉：当油脂的用量为60%～100%时，发粉的用量为0～2%；当油脂的用量为30%～60%时，发粉的用量为2%～6%。
6. 盐：当油脂不含盐时，盐的用量一般为2%～3%；当油脂含盐时，盐的用量一般为1.5%。

三、高成分面糊类蛋糕配方的平衡公式

1. 总水分% =蛋% +牛奶%。
2. 总水分% =糖% +系数+校正系数。

   其中：系数=10%～25%；

校正系数 = （基准糖量% －糖%）/2。

因此，总水分% = 糖% + 20% + （基准糖量% －糖%）/2。

备注：对于高成分面糊类蛋糕，基准糖量 = 120。

3. 油% = 蛋% －蛋% ×10%。

4. 蛋% = 油% + 油% ×10%。

5. 发粉：当油脂的用量为 60% ~100% 时，发粉的用量为 0 ~2%；当油脂的用量为 30% ~60% 时，发粉的用量为 2% ~6%。

6. 盐：当油脂不含盐时，盐的用量一般为 2% ~3%；当油脂含盐时，盐的用量一般为 1.5%。

四、面糊类蛋糕配方平衡演算实例

1. 低成分面糊类蛋糕配方计算：

示例：已知某低成分面糊类蛋糕配方中，糖的用量是 100%，油的用量是 40%。请计算其他原料的用量。

解：

（1）由糖的用量计算总水量。

∵ 总水分% = 糖% + 系数 + 校正系数，

而系数 = 5% ~15%，校正系数 = （基准糖量% －糖%）/2，基准糖量 = 100。

∴ 总水分% = 糖% + 10% + （基准糖量% －糖%）/2

= 100% + 10% + （100% －100%）/2

= 110%。

（2）蛋% = 油% + 油% ×10% = 40% + 40% ×10% = 44%。

（3）∵ 总水分% = 蛋% + 牛奶%，且知总水分% = 110%，蛋% = 44%。

∴ 牛奶% = 总水分% －蛋% = 110% －44% = 66%。

（4）计算发粉的用量。

因为是低成分面糊类蛋糕，根据“当油脂的用量为 30% ~60% 时，发粉的用量为 2% ~6%”，所以发粉的用量为 5.5%。

（5）因为是用白油，而白油不含盐，根据“当油脂不含盐时，盐的用量一般为 2% ~3%”的平衡原则，所以盐的用量为 2%。

（6）面粉的用量永远是 100%。

所以，得出该低成分面糊类蛋糕的配方为：

原料	烘焙百分比（%）	计算方法
蛋糕粉	100	永远是 100%
糖	100（已知）	由糖的用量计算总水量
盐	2	
白油	40（已知）	

（续上表）

原料	烘焙百分比（%）	计算方法
蛋	44	由油的用量计算蛋的用量（10%）
牛奶	66	由总水量计算牛奶的用量（奶粉＋水）
发粉	5.5	由油的用量计算发粉的用量
合计	357.5	

试一试：

看能不能把下面的配方算出来？

2. 高成分面糊类蛋糕配方计算：

原料	烘焙百分比（%）	计算方法
蛋糕粉		
糖	90（已知）	由糖的用量计算总水量，系数15
盐		
白油	80（已知）	
蛋		由油的用量计算蛋的用量（10%）
牛奶		由总水量计算牛奶的用量（奶粉＋水）
发粉		由油的用量计算发粉的用量
合计		

模块一自我测验题

一、填空题

1. 面糊类蛋糕的搅拌一般使用______拌合法、______拌合法。当配方中有适量的蛋糕油时，也可以使用______拌合法。

2. 根据油脂的用量，面糊类蛋糕可分为______蛋糕和______蛋糕两类。

二、单项选择题

(　　) 1. 蛋糕粉在蛋糕中的主要作用是______。

A. 骨架作用　　B. 填充作用

C. 形成面包的颜色　　D. A 和 B

(　　) 2. 蛋糕粉是______。

A. 高筋粉　　B. 低筋粉

C. 中筋粉　　D. 玉米淀粉

(　　) 3. 蛋糕粉的主要成分是______。

A. 蛋白质　　B. 糖

C. 淀粉　　D. A 和 B

(　　) 4. 蛋糕粉的蛋白质含量一般为______。

A. 7% ~9%　　B. 9% ~11%

C. 11% ~12%　　D. 大于 12%

(　　) 5. 蛋糕粉的灰分含量一般为______。

A. 0.32% ~0.4%　　B. 0.4% ~0.5%

C. 大于 0.5%　　D. 小于 0.2%

(　　) 6. 使用面筋含量太高的蛋糕粉会导致蛋糕的______。

A. 体积收缩　　B. 体积小

C. 内部组织粗糙　　D. 以上都是

E. A 和 B

(　　) 7. 蛋糕粉存放半个月后使用效果更好。

A. 对　　B. 不对

(　　) 8. 蛋糕粉使用时一般不需要过筛。

A. 对　　B. 不对

(　　) 9. 面包粉和蛋糕粉的区别是______。

A. 面包粉白，蛋糕粉黑　　B. 面包粉易结块，蛋糕粉不易结块

C. 面包粉不易结块，蛋糕粉易结块　　D. 看上去没什么区别

(　　) 10. 用软麦加工的麦心粉常常用于生产______。

A. 面包粉　　B. 蛋糕粉

C. 饼干粉　　D. 油条粉

(　　) 11. 下列油脂中，哪种是人造油脂?

A. 奶油　　B. 大豆油

C. 玛琪琳　　D. 可可脂

(　　) 12. 下列油脂中，哪种属于植物油?

A. 奶油　　B. 大豆油

C. 玛琪琳　　D. 人造奶油

(　　) 13. 面糊类蛋糕主要依靠______在搅拌过程中融入大量的空气而使面糊膨发。

A. 鸡蛋　　B. 固体油脂

C. 糖　　D. 面粉

(　　) 14. 引起重油蛋糕很硬的原因有______。

A. 蛋的用量太少　　B. 糖和油的用量太多

C. 搅拌不够松发　　D. A 和 C

(　　) 15. 使用糖油拌合法制作面糊类蛋糕时，鸡蛋应如何加入?

A. 一次全部加入　　B. 分多次加入

(　　) 16. 请选择糖油拌合法的步骤，并排列顺序：①面粉过筛，慢速拌入；②蛋逐步加入；③逐步加入牛奶；④打至松发阶段；⑤打至干性起泡阶段；⑥打至糖六成溶解；⑦加入糖和奶油；⑧使用桨状拌打器；⑨使用球状拌打器；⑩加入塔塔粉。

A. ⑨→⑦→④→①→③→②　　B. ⑨→⑦→⑤→①→③→②

C. ⑧→⑦→⑤→①→③→②　　D. ⑧→⑦→④→②→③→①

(　　) 17. 以下哪个因素会导致魔鬼蛋糕的魔鬼图形无法产生?

A. 最底下的黄面糊太薄　　B. 发粉失效

C. 底火温度太高　　D. 以上都是

(　　) 18. 以下哪个不属于面糊类蛋糕的面糊搅拌方法?

A. 糖油拌合法　　B. 粉油拌合法

C. 直接拌合法　　D. 糖蛋拌合法

(　　) 19. 轻油蛋糕的油脂含量一般低于______。

A. 50%　　B. 60%

C. 40%　　D. 30%

(　　) 20. 若面糊类蛋糕的油脂含量低于 60%，需要加入______帮助蛋糕的膨发。

A. 鸡蛋　　B. 固体油脂

C. 发粉　　D. 酵母

三、简答题

1. 什么叫面糊比重?
2. 测定面糊比重对制作蛋糕有什么作用?

模块二

乳沫类蛋糕

师傅教路： 乳沫类蛋糕，也称为清蛋糕，是通过搅打鸡蛋的机械运动，使蛋液充入空气，膨松起发，再加入其他原料而制成的一类蛋糕，如海绵蛋糕卷（瑞士卷）、天使蛋糕等。

海绵蛋糕卷（瑞士卷）

一、配方

原料	烘焙百分比（%）	重量（克）
低筋粉	100	400
糖	100	400
盐	1	4
鸡蛋	250	1 000
蛋糕油	6	24
牛奶	10	40
色拉油	25	100
总计	492	1 968

（高身平烤盘 1 个，烤盘长 60 厘米，宽 40 厘米）

二、制作方法

广东省贸易职业技术学校

1. 提前把低筋粉过筛，提前开好烤炉，温度设为 170℃/150℃，烤盘底部刷油，将白纸四角割口后垫盘。

广东省贸易职业技术学校

2. 将鸡蛋、糖、盐加入搅拌缸内，用搅拌球慢速搅拌至糖溶解。

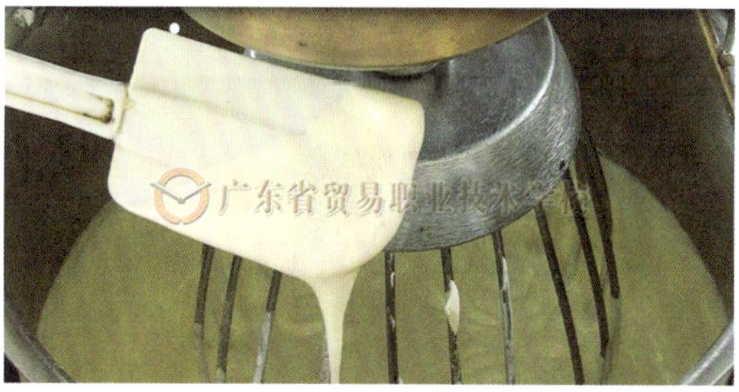

3. 加入蛋糕油，搅拌至溶化后，加入低筋粉和牛奶，慢速搅拌均匀后，高速搅拌约 4 分钟，至面糊湿性起泡。

4. 慢速搅拌，排气，同时慢慢加入色拉油，搅拌均匀即可，大约为 1 分钟。

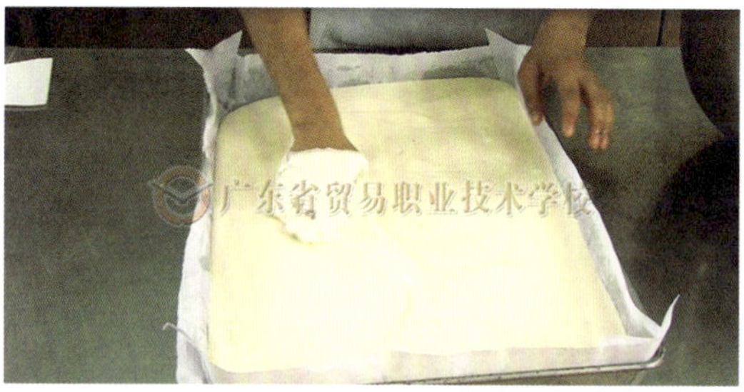

5. 用手刮搅拌缸的底部，将面糊搅拌几次，然后倒入烤盘内，大约六成满。

6. 入炉烘烤，温度设为 170℃/150℃，用手指按压法或牙签法判断成熟度。

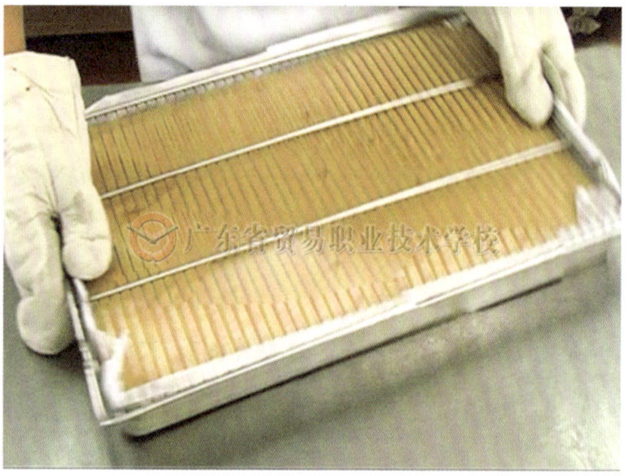

7. 出炉后迅速用冷却架脱盘，然后用另外一个冷却架快速翻转，面朝上冷却。

8. 待温度降至 40℃ 左右时，切成两半，分别在底部涂果酱，然后卷成蛋糕卷。

三、产品照片

广东省贸易职业技术学校

四、产品特点

海绵蛋糕卷表面光滑，无大气泡，颜色均匀，表皮颜色为金黄色，组织细密均匀，口感细腻，蛋糕卷紧密结实。

动动脑筋：

这类蛋糕为什么被称为海绵蛋糕？

指点迷津：

瑞士卷使用全蛋或者全蛋和蛋黄混合作为蛋糕的基本组织和膨大原料，依靠鸡蛋和糖搅打出来的泡沫和面粉结合而形成网状结构，内部组织有很多细小孔洞，类似海绵，所以叫海绵蛋糕。

巧克力海绵蛋糕底

一、配方

原料	烘焙百分比（%）	重量（克）
低筋粉	90	270
可可粉	10	30
发粉	0.2	0.6
鸡蛋	180	540
糖	85	255
蛋糕油	9	27
盐	1	3
牛奶	30	90
色拉油	20	60
总计	425.2	1 275.6

（2 磅蛋糕底模具 2 个，1 磅蛋糕底模具 1 个）

二、制作方法

1. 提前把低筋粉、可可粉、发粉混合过筛，提前开好烤炉，温度设为 180℃/170℃。

2. 蛋糕底模具刷油、垫纸。

3. 将鸡蛋、糖、盐加入搅拌缸内，用搅拌球慢速搅拌至糖溶解。

4. 加入蛋糕油，搅拌至溶化后，加入低筋粉、可可粉、发粉和牛奶，慢速搅拌均匀后，高速搅拌约 4 分钟，至面糊湿性起泡。

5. 慢速搅拌，排气，同时慢慢加入已经预热的色拉油，搅拌均匀即可，大约为 1 分钟。

6. 用手刮搅拌缸的底部，将面糊搅拌几次，然后倒入模具内，大约六成满。

7. 入炉烘烤约 35 分钟，温度设为 180℃/170℃。

8. 蛋糕出炉后翻转冷却至室温，脱模。

三、产品照片

广东省贸易职业技术学校

四、产品特点

巧克力海绵蛋糕底外形端正，顶部、底部、腰部没有收缩，蛋糕组织细腻，有浓郁的可可味。

想一想：

制作海绵蛋糕时，色拉油为什么要预热后才加入？

指点迷津：

如果色拉油未经适当加热就加入打好的海绵蛋糕糊内，会因油脂的比重比面糊重而出现油脂沉底的现象，即在蛋糕的底部有一层油脂。把色拉油加热后，色拉油就能更快更好地与面糊相混合，分散到整个蛋糕糊中，从而避免出现油脂沉底现象。

橄榄蛋糕

一、配方

原料	烘焙百分比（%）	重量（克）
低筋粉	70	210
高筋粉	30	90
鸡蛋	180	540
糖	85	255
蛋糕油	9	27
发粉	2	6
盐	1	3
香兰素		适量
牛奶	37	111
色拉油	33	99
总计	447	1 341

（橄榄蛋糕模具15个）

二、制作方法

1. 提前把面粉、发粉过筛，提前开好烤炉，温度设为190℃/180℃。

2. 橄榄蛋糕模具刷固体油、沾高筋粉。

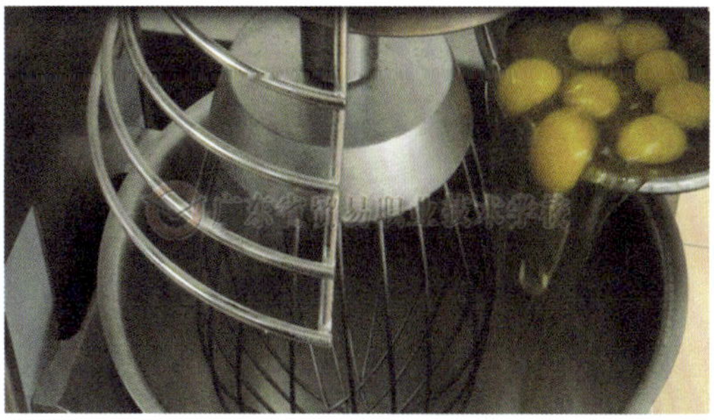

3. 将鸡蛋、糖、盐加入搅拌缸内，用搅拌球慢速搅拌至糖溶解。

4. 加入蛋糕油，搅拌至溶化后，加入面粉、牛奶、香兰素，慢速搅拌均匀后，高速搅拌约 4 分钟，至面糊湿性起泡。

5. 慢速搅拌，排气，同时慢慢加入色拉油，搅拌均匀即可，大约为 1 分钟。

6. 用手刮搅拌缸的底部，将面糊搅拌几次，然后倒入模具内，大约八成满。

7. 入炉烘烤约 25 分钟，温度设为 190℃/180℃，手压判断成熟度。

8. 出炉，马上脱模冷却。

三、产品照片

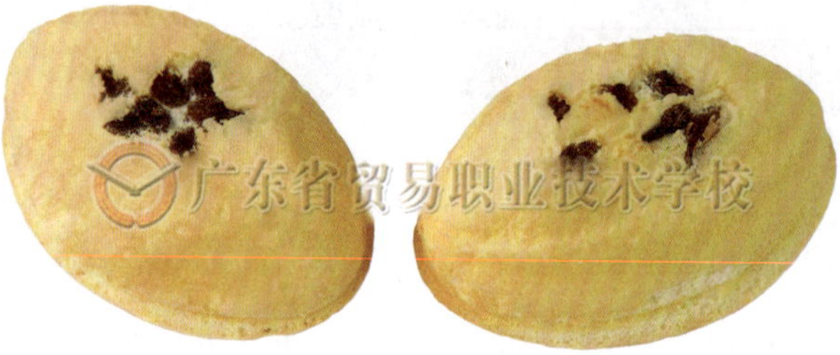

广东省贸易职业技术学校

四、产品特点

橄榄蛋糕表皮光滑，没有收缩，颜色均匀，组织细密均匀，口感细腻。

议一议：

用来做橄榄蛋糕的鸡蛋需要提前放入冰箱冷藏吗？

葱花肉松咸蛋卷

一、配方

原料	烘焙百分比（%）	重量（克）
低筋粉	100	550
糖	100	550
盐	3	16.5
发粉	2	11
蛋黄	60	330
鸡蛋	160	880
牛奶	15	82.5
色拉油	20	110
总计	460	2 530

（大烤盘 1 个，烤盘长 60 厘米，宽 40 厘米）

二、制作方法

1. 提前把低筋粉、发粉过筛，提前开好烤炉，温度设为 180℃/170℃，烤盘底部刷油，将白纸四角割口后垫盘。

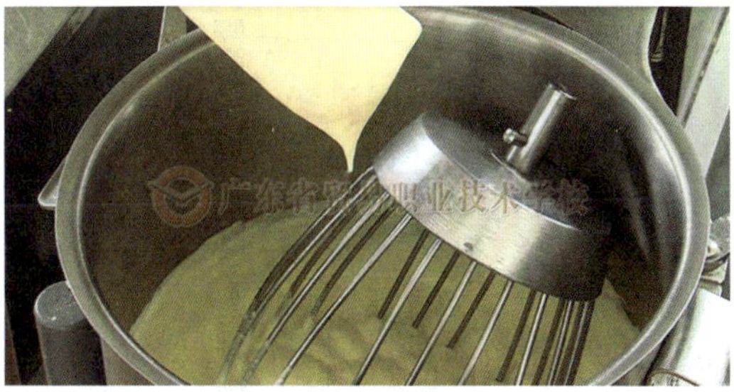

2. 将鸡蛋、蛋黄、糖、盐放入搅拌缸内，使用搅拌球慢速搅拌至糖溶解，然后高速搅拌约 4 分钟，至面糊湿性起泡。

3. 慢速拌入低筋粉、发粉。

4. 慢速拌入牛奶。

5. 慢速拌入色拉油。

6. 装模，大约六成满，表面撒上葱花、肉松。

7. 入炉烘烤约 25 分钟，温度设为 180℃/170℃。

8. 出炉，脱模冷却至室温，抹沙拉酱后卷起。

三、产品照片

广东省贸易职业技术学校

四、产品特点

葱花肉松咸蛋卷具有浓郁的鸡蛋、葱花和肉松香味，但由于使用了沙拉酱，保质期短。

你讲我说：

1. 葱花肉松卷配方中加入蛋黄有什么作用？
2. 葱花肉松卷太厚，卷的时候容易出现什么问题？

千层蛋糕

一、配方

原料	烘焙百分比（%）	重量（克）
鸡蛋	147	735
砂糖	88	440
低筋粉	100	500
发粉	0.7	3.5
蛋糕油	4.7	23.5
牛奶	29	145
蜂蜜	10	50
色拉油	50	250
牛奶香粉	0.7	3.5
盐	0.4	2
总计	430.5	2 152.5

二、制作方法

1. 提前把低筋粉、发粉、牛奶香粉混合过筛，提前开好烤炉，温度设为220℃/110℃。

2. 将鸡蛋、砂糖、盐、牛奶、蜂蜜、蛋糕油加入搅拌缸内，用搅拌球慢速搅拌至糖溶解。

3. 加入低筋粉、发粉、牛奶香粉，慢速搅拌均匀，然后高速搅拌6分钟，至湿性起泡状态。

4. 慢速拌入色拉油。

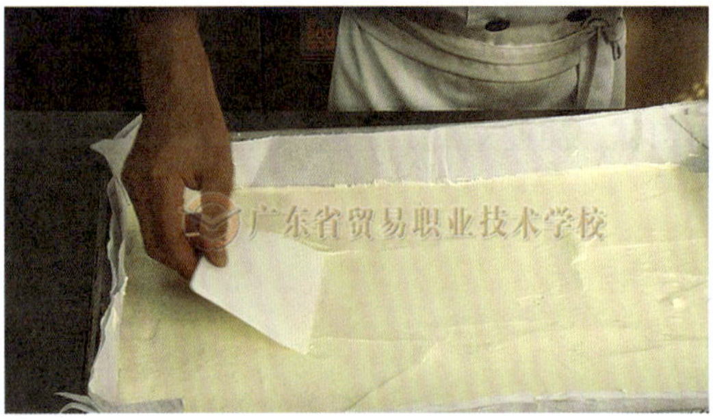

5. 面糊搅拌好后，先将1/3搅拌好的面糊倒入已刷油垫白纸的烤盘中，抹平，入炉烘烤，烘烤时间大约为12分钟。

6. 重复以上操作3次，出炉，翻转冷却。

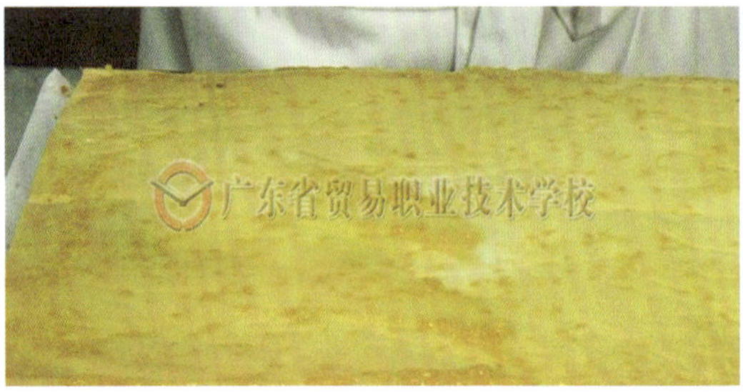

7. 揭去粘在蛋糕上的白纸，在蛋糕表面抹上果酱，再盖上另一块烤熟冷却的蛋糕，压平。

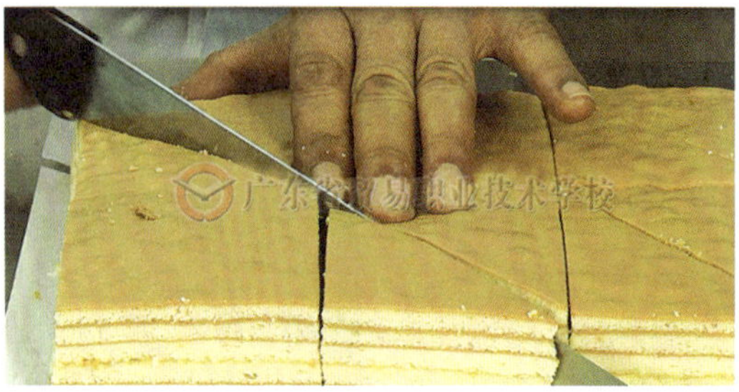

8. 把边缘不整齐的部分切除，从中间切开成2份，然后分切成边长为8厘米的正方形，再对角分切成三角形。

三、产品照片

广东省贸易职业技术学校

四、产品特点

千层蛋糕层次分明，线条美感强，组织均匀细腻，甜度适中，适合搭配咖啡食用。

议一议：

烘烤千层蛋糕时，烘烤完一层以后，为什么要等完全冷却才倒入面糊烘烤下一层？

找一找：

下图中的情况是什么原因造成的？

黄金蛋糕

一、配方

原料	烘焙百分比（%）	重量（克）
鸡蛋	140	700
蛋黄	100	500
糖	160	800
低筋粉	100	500
玉米淀粉	40	200
吉士粉	4	20
蛋糕油	8	40
牛奶香粉	2	10
色拉油	30	150
盐	2	10
牛奶	46	230
总计	632	3 160

二、制作方法

1. 提前把低筋粉、玉米淀粉、吉士粉、牛奶香粉混合过筛，提前开好烤炉，温度设为170℃/140℃。

2. 首先将鸡蛋、蛋黄、糖、盐、牛奶、蛋糕油加入搅拌缸内，用搅拌球慢速搅拌至糖溶解。

3. 加入低筋粉、玉米淀粉、吉士粉、牛奶香粉，慢速搅拌均匀，然后高速搅拌6分钟，至湿性起泡状态。

4. 慢速拌入色拉油。

5. 装模，大约七成满，抹平。

6. 入炉烘烤，温度设为170℃/140℃，大约70分钟后，出炉冷却，切片。

三、产品照片

四、产品特点

黄金蛋糕组织细腻，口感柔软，奶油味浓郁，外表呈金黄色。

天使蛋糕

任务一　天使蛋糕（糖蛋拌合法）

一、配方

原料	烘焙百分比（%）	重量（克）
低筋粉	100	300
蛋白	200	600
盐	1	3
糖	100	300
塔塔粉	2	6
香兰油		适量
总计	403	1 209

二、制作方法

广东省贸易职业技术学校

1. 提前把低筋粉过筛，提前开好烤炉，温度设为170℃/150℃。

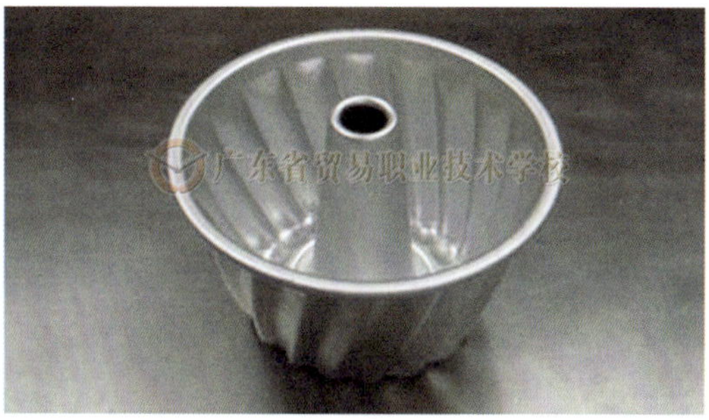
广东省贸易职业技术学校

2. 天使蛋糕模具不用刷油，也不用垫纸。

3. 将蛋白、塔塔粉放入搅拌缸内，用搅拌球中速搅拌至湿性起泡。

4. 然后加入糖、盐、香兰油，继续搅拌至干性起泡。

5. 慢速拌入低筋粉，搅拌均匀后，把面糊装入干净的天使蛋糕烤模，约七成满。

6. 隔水入炉烘烤约 30 分钟，温度设为 170℃/150℃，烤熟后出炉，马上脱模冷却。

三、产品照片

四、产品特点

天使蛋糕有明显的蛋清味道，蛋糕表面黏手，韧性较大，内部组织粗糙。

动动脑筋：

和别的蛋糕相比，你认为天使蛋糕的原料有什么不同之处？

指点迷津：

天使蛋糕是一种单纯使用蛋白制作，而且完全无油脂的蛋糕，因此内部组织的颜色是白色，外表的装饰也是多用白色的鲜奶油或糖霜，整个蛋糕洁白似雪，如同纯洁天使的化身。

任务二　天使蛋糕（直接拌合法）

一、配方

原料	烘焙百分比（%）	重量（克）
低筋粉	100	250
蛋白	200	500
白砂糖	80	200
盐	1	2.5
发粉	1.5	3.75
蛋糕油	8	20
色拉油	26	65
塔塔粉	1	2.5
总计	417.5	1 043.75

二、制作方法

1. 提前把低筋粉、发粉过筛，提前开好烤炉，温度设为180℃/150℃，天使蛋糕模具垫纸托。

2. 将蛋白、塔塔粉、蛋糕油放入搅拌缸内，用搅拌球中速搅拌至湿性发泡。

3. 然后加入糖、盐、低筋粉、发粉，先低速再高速搅拌至干性发泡。

4. 慢速拌入色拉油。

5. 装模，大约七成满。

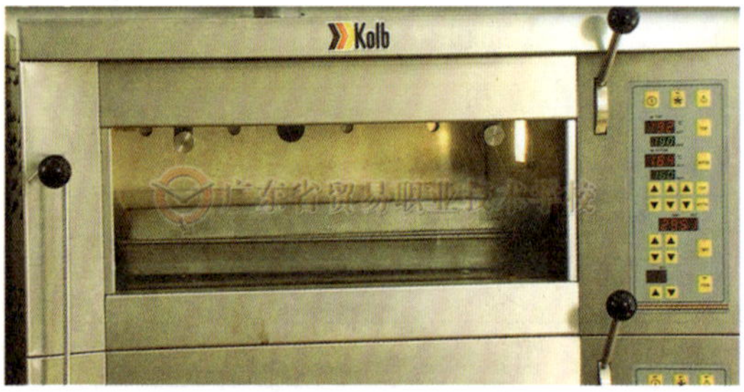

6. 隔水烘烤约30分钟，温度设为180℃/160℃，烤熟后出炉，马上脱模冷却。

三、产品照片

广东省贸易职业技术学校

四、产品特点

用直接拌合法制作的天使蛋糕表面和内部颜色洁白，组织细密均匀，口感细腻。

比一比：

用直接拌合法制作的天使蛋糕和用糖蛋拌合法制作的天使蛋糕在口感上有什么不同？

海绵类蛋糕的搅拌方法

任务一　糖蛋拌合法

1. 提前把低筋粉、发粉过筛，提前开好烤炉，烤盘底部刷油撒粉或垫纸。

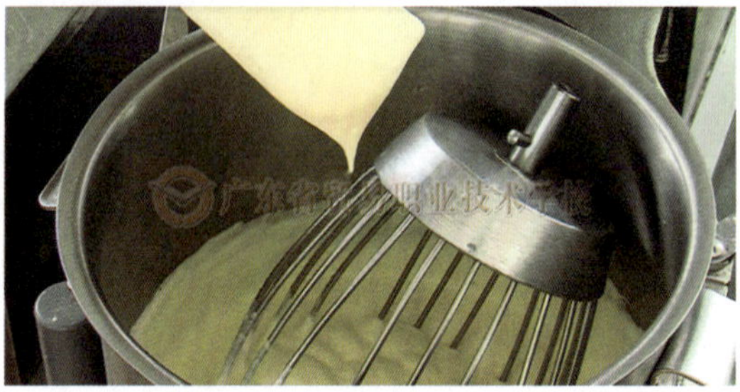

2. 将鸡蛋、蛋黄、糖、盐放入搅拌缸内，使用搅拌球慢速搅拌至糖溶解，然后高速搅拌约 4 分钟，至面糊湿性起泡（用手指挑起蛋液后，蛋液向下弯曲，呈公鸡尾巴形状即可）。

3. 慢速拌入低筋粉、发粉。

4. 慢速拌入牛奶。

5. 慢速拌入色拉油。

6. 装模，入炉烘烤，至烤熟出炉。

任务二　直接拌合法（使用蛋糕油）

1. 提前把低筋粉过筛，提前开好烤炉，温度设为 170℃/150℃，烤盘底部刷油，将白纸四角割口后垫盘。

2. 将鸡蛋、糖、盐加入搅拌缸内，用搅拌球慢速搅拌至糖溶解。

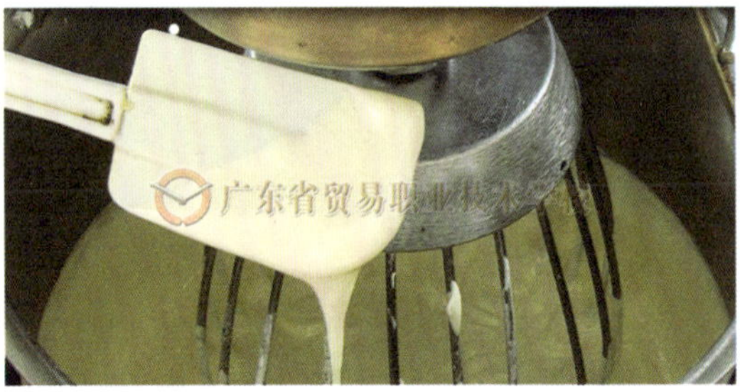

3. 加入蛋糕油，搅拌至溶化后，加入低筋粉和牛奶，慢速搅拌均匀后，高速搅拌约 4 分钟，至面糊湿性起泡。

4. 慢速搅拌，排气，同时慢慢加入色拉油，搅拌均匀即可，大约为 1 分钟。

5. 用手刮搅拌缸的底部，将面糊搅拌几次，然后倒入烤盘内，大约六成满。

6. 入炉烘烤，用手指按压法或牙签法判断成熟度。

乳沫类蛋糕的烘烤

任务一　海绵蛋糕的烘烤

行家出手：

海绵蛋糕有多种不同的形状和式样，其所使用的烤盘大小、形状也不一样，所以烘烤的温度、时间也就不一样。

1. 椭圆形或橄榄形的小海绵蛋糕，应使用上火大、下火小的烘烤方法，烘烤温度为上火 220℃ 左右、下火 180℃～185℃，时间为 12～15 分钟。

2. 用高身平烤盘盛装面糊，烤后用来做蛋糕卷的，也应使用上火大、下火小的烘烤方法，烘烤温度为上火 220℃～230℃，下火 180℃～185℃，时间为 12～15 分钟。

3. 烘烤生日蛋糕坯时，要看蛋糕圈或蛋糕模的直径大小和高度高低。直径大、高度高的，应使用上火小、下火大的烘烤方法。相反，直径小、高度低的，应使用上火大、下火小或上下火一样的烘烤方法。

4. 使用空心烤盘的面糊需要用下火大、上火小的方法，炉温在 177℃左右，烘烤时间约为 30 分钟。

烘烤时间对所烤蛋糕的质量影响也很大。如果烘烤时间短，内部发黏，则成品不熟；如果烘烤时间长，则成品易干燥，四周硬脆。烘烤时间应依据制品的大小和厚薄来决定，同时可依据配方中糖的含量进行灵活调节。含糖量高的，温度稍低，时间长；含糖量低的，温度则稍高，时间短。出炉前，应鉴别蛋糕成熟与否，可以用手感测试法和牙签测试法。

如果确定蛋糕已熟透，应先出炉，再按不同类型进行冷却。

（1）海绵蛋糕卷。应在出炉后立即翻过来，放在蛋糕冷却架上，正面朝下，然后冷却到35℃左右，再卷成蛋糕卷，最后进行包装或切片出售。

（2）其他海绵蛋糕。冷却后按产品用途进行包装或进入下一道工序。

任务二　天使蛋糕的烘烤

师傅教路：

天使蛋糕成品的外表要求为白色。烘烤天使蛋糕的温度一般为上火170℃、下火150℃。在这个温度区间烤出来的天使蛋糕体积大、内部组织细密且具有弹性、水分适宜，切片后的蛋糕呈现洁白的光泽。其唯一缺点是顶部会有龟裂现象，但天使蛋糕在出售时都是翻转过来的，即原来的顶部变成底部，故不会影响外观。

测试蛋糕是否熟透，可用手指在蛋糕表面按压。若感觉蛋糕体坚实且有一定的弹性，表明蛋糕已经烤熟，应立即出炉，不能在炉内继续烘烤。因天使蛋糕所含蛋白的数量较多，蛋在炉内受到的炉温较高（150℃），一旦出炉后遇到常温（20℃～30℃），如此大的温差会导致天使蛋糕很快地收缩，体积变小。所以天使蛋糕出炉后应立即翻转过来，使正面朝下，这样可以防止蛋糕过度收缩。

蛋糕大讲坛　蛋糕原料的选用(二)

一、鸡蛋

想一想：

1. 鸡蛋的营养成分有哪些？

2. 蛋白在蛋糕制作中起到什么作用？

3. 蛋黄在蛋糕制作中起到什么作用？

师傅教路：

1. 全蛋：蛋壳占蛋量 10.3%，蛋黄占蛋量 30.3%，蛋白占蛋量 59.4%，水分占蛋量 75%。蛋壳的主要成分为碳酸钙。

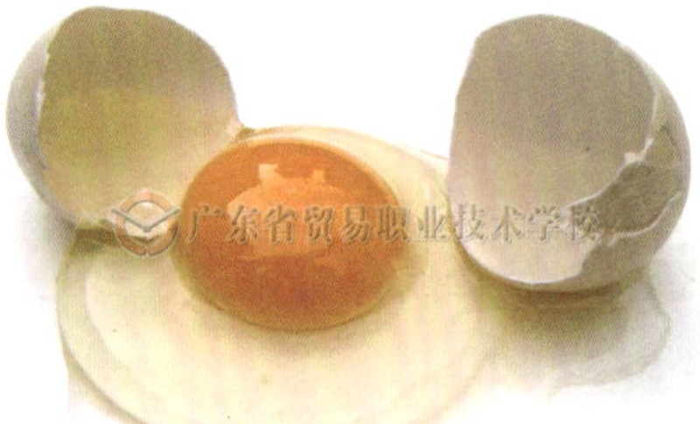

（1）蛋黄部分：其成分有水分、油脂、蛋白质、葡萄糖、灰分、卵磷脂。其中，水分占 49.6%，油脂占 33.4%，蛋白质占 15.75%，葡萄糖占 0.15%，灰分占 1.1%。

（2）蛋白部分：其成分有水分、蛋白质、灰分、葡萄糖。其中，水分占 88%，蛋白质占 10.7%，灰分占 0.9%，葡萄糖占 0.4%。

2. 蛋白是促成蛋糕体积膨大的最主要原料，它在蛋糕中的作用主要有：

（1）膨松作用。通过机械搅打蛋液，使蛋液充入空气而膨松，经过烘烤以固定体积。

（2）粘结作用。

（3）营养价值。

3. 蛋黄在蛋糕制作中的作用有：

（1）乳化作用。蛋黄中的卵磷脂有很好的乳化作用。

（2）着色作用。

（3）营养作用。

（4）风味作用。

小贴士：

蛋白是一种韧性较强的原料。与全蛋或蛋黄相比较，蛋白的起泡能力最强、起泡速度最快，能够打发至原体积的数倍。一般制作全蛋蛋糕也就是因为其中有大量的蛋白，才能使其快速起泡，蛋糊体积膨大。所以说蛋白是促成蛋糕体积膨大的最佳原料。

二、蛋糕乳化剂（蛋糕油）

动动脑筋：

1. 什么是蛋糕乳化剂？常用的蛋糕乳化剂有哪些？

2. 制作蛋糕时加入乳化剂有什么作用？

3. 使用蛋糕油后，对蛋糕成品的组织有哪些帮助？

行家出手：

蛋糕乳化剂，又称蛋糕改良剂，行内俗称蛋糕油，由多种食用乳化剂和稳定剂组合而成。其主要成分是分子蒸馏单甘酯、丙二醇脂肪酸酯和泡沫稳定剂等。

广东省……职业技术学校

蛋糕油的主要功能是改善蛋液或蛋浆的起泡性和增加蛋液泡沫的稳定性，从而达到改善蛋糕成品品质的目的。

添加蛋糕油后，可显著降低蛋液中油水两相界面张力，使互不相溶的油和水形成稳定的乳浊液。

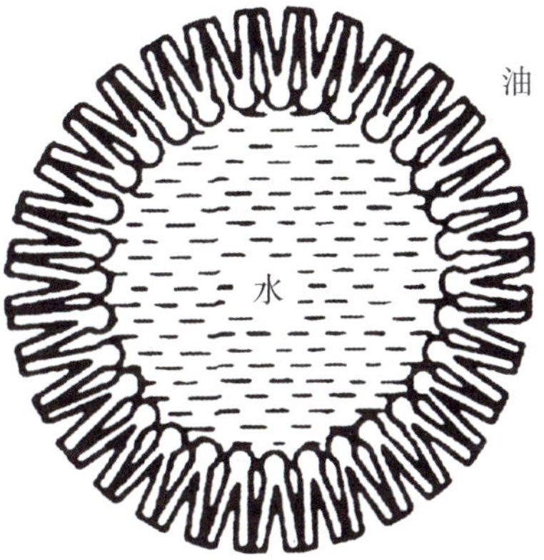

乳化剂作用示意图

用于蛋糕油的乳化剂有甘油脂肪酸酯、蔗糖脂肪酸酯（SE）、山梨醇酐脂肪酸酯、丙二醇脂肪酸酯、卵磷脂、分子蒸馏单甘酯（DMG）、硬脂酰乳酸钠/钙（SSL/CSL）、双乙酰酒石酸单甘油酯（DATEM）等，前两种更为突出，主要是因为它们毒性低、效果好、价格合理。

蛋糕油中的表面活性剂，除了降低蛋液表面张力、促进水油融合外，还有增大气泡表面积、稳定面糊泡沫、改善产品组织的作用。

使用蛋糕油制作的蛋糕，其成品体积较大、内部组织均匀细密、口感软滑，同时蛋糕油中乳化剂的抗老化作用可使蛋糕成品保质期延长，且操作相对简易、搅拌时间缩短、面糊稳定时间延长（即搅拌后的面糊放置一段时间后未入炉烘烤也不会塌陷）。

高手支招：

蛋糕油的添加量一般是蛋的用量的3% ~5%。它的添加量与蛋的用量有关，当蛋糕配方中的蛋的用量增加或减少时，蛋糕油的加入量也按比例增加或减少。使用蛋糕油时，用量不能过多，否则体积可能缩减，而且口味不佳，影响蛋糕质量。

烘焙大视野　蛋糕原料的分类

制作蛋糕的主要原料是面粉、鸡蛋、糖、油脂、盐、牛奶、化学膨大剂，其他还有香料、可可粉、巧克力等调味料，总共十几种。主要原料的性质可以归纳为干性、湿性、柔性、韧性、产生香味这五种。

干性原料：是指这些原料用在蛋糕配方中可使蛋糕产生干性，必须有足够的液体原料来溶解它，面粉、糖、奶粉、发粉、盐、可可粉都属于干性原料。

湿性原料：又称液体原料，包括牛奶、鸡蛋和糖浆等，它们在蛋糕配方内是水分的主要来源，供应足够的水分来溶解其他干性原料，使蛋糕保持湿润和膨大。

柔性原料：包括油、糖、化学膨松剂、蛋黄等，它们的功用是使蛋糕保持柔软膨松。

韧性原料：又称结构原料，它们在蛋糕内可产生韧性，或者通过增强面粉的筋性使蛋糕有韧性，其是构成蛋糕骨架的主要原料。这些原料包括面粉、奶粉、盐、可可粉、香料等。

产生香味的原料：包括糖、牛奶、油、鸡蛋、可可粉、香料等，因为这些原料进炉加热后可产生独特的香味，使蛋糕芳香可口。

知识拓展　海绵蛋糕的配方平衡

一、海绵蛋糕的传统配方与一般用量

原料	传统基本配方（%）	使用范围（%）
低筋粉	100	100
蛋	166	50～350（120～250）
糖	166	80～120
盐	0	2～3
牛奶	0	0～50
油	0	0～140
蛋糕油	0	
发粉	0	

二、海绵蛋糕的配方平衡原则

1. 先决定总蛋量的百分比（由蛋糕的品质和搅拌方法决定）。

（1）品质（成本、柔软细腻度、表皮质地）。

（2）模具。

（3）搅拌方法。

2. 若蛋的用量大于166%时，则牛奶、油、蛋糕油可以为0。

3. 若蛋的用量小于166%时，需适当补充牛奶、油、蛋糕油等。

4. 当蛋糕油的用量小于5%时，不能使用直接法。

5. 当用直接法搅拌时，配方中蛋的用量增加，蛋糕油的用量也相应增加。

（1）一般蛋的用量下降1%，牛奶的用量要增加0.7%～1%，发粉的用量应增加0.03%。

（2）当搅拌过程中使用蛋糕油时，蛋糕油越多，需添加的水也越多。当蛋糕油用量为3%时，需额外添加约20%的水；当蛋糕油用量为5%时，需额外添加约30%的水。

模块二自我测验题

一、填空题

1. 乳沫类蛋糕的搅拌一般使用______拌合法、______拌合法。当配方中有适量的蛋糕油时，一般使用______拌合法。

2. 根据配方中是使用全蛋还是蛋白，乳沫类蛋糕可分为______蛋糕和______蛋糕两类。

二、单项选择题

(　　) 1. 海绵蛋糕卷起来容易断裂，是因为______。

A. 蛋糕温度太高　　B. 蛋糕温度太冷

C. 蛋糕质地过软　　D. 蛋糕没烤熟

(　　) 2. 全蛋打发理想的温度范围为______。

A. 40℃～44℃　　B. 17℃～21℃

C. 26℃～28℃　　D. 28℃～30℃

(　　) 3. 以下哪个因素会导致蛋糕体积膨胀不够？

A. 鸡蛋不新鲜　　B. 配方中水分太多

C. 搅拌不足，面糊充气不足　　D. 以上都是

(　　) 4. 利用直接法制作海绵蛋糕时，若配方中鸡蛋的用量越多，蛋糕油的用量应______。

A. 不变　　B. 越少

C. 越多　　D. 无法确定

(　　) 5. 蛋糕油有什么作用？

A. 有利于起泡　　B. 增加泡沫稳定性

C. 使泡沫分布均匀　　D. 以上都是

(　　) 6. 制作海绵蛋糕卷时，导致表皮容易掉的因素有______。

A. 烘烤不够　　B. 卷蛋糕时温度太高

C. 环境湿度太高　　D. 以上都是

(　　) 7. 为了使海绵蛋糕组织松软，加入面粉后应怎么做？

A. 多搅拌　　B. 少搅拌

C. 搅拌时间长短，都没有什么关系　　D. 视情况而定

(　　) 8. 海绵蛋糕糖油容易沉底，原因是______。

A. 油温太高　　B. 鸡蛋温度太低

C. 糖太少　　D. 鸡蛋温度太高

(　　) 9. 糖蛋拌合法制作海绵蛋糕的过程中，下列哪种现象说明面糊消泡作用太明显？

A. 体积保持不变　　B. 颜色变成浅黄色

C. 体积变成原来的两倍　　D. 颜色保持乳白色

(　　) 10. 乳沫类蛋糕可以分为哪几类？

A. 海绵蛋糕、天使蛋糕　　B. 海绵蛋糕、戚风蛋糕

C. 天使蛋糕、戚风蛋糕　　D. 海绵蛋糕、轻油蛋糕

(　　) 11. 海绵蛋糕主要依靠机械搅拌使______产生膨发作用。

A. 鸡蛋　　B. 蛋黄

C. 蛋白　　D. 蛋糕油

(　　) 12. 天使蛋糕主要依靠机械搅拌使______产生膨发作用。

A. 鸡蛋　　B. 蛋黄

C. 蛋白　　D. 蛋糕油

(　　) 13. 天使蛋糕一般不含有______。

A. 鸡蛋　　B. 蛋黄

C. 蛋白　　D. 糖

(　　) 14. 以下全属于湿性材料的是______。

A. 油脂、奶粉、鸡蛋　　B. 鸡蛋、水、蛋白

C. 牛奶、鸡蛋、糖　　D. 盐、鸡蛋、奶粉

(　　) 15. 以下全属于柔性材料的是______。

A. 糖、发粉、蛋黄　　B. 牛奶、奶粉、蛋黄

C. 蛋黄、奶粉、蛋白　　D. 水、盐、面粉

(　　) 16. 以下哪一种材料不属于韧性材料？

A. 蛋白　　B. 面粉

C. 鸡蛋　　D. 糖

(　　) 17. 配方中添加柔性材料，可增加蛋糕的韧性。

A. 对　　B. 不对

(　　) 18. 鸡蛋（带壳）中大约含有______蛋黄。

A. 40%　　B. 30%

C. 50%　　D. 60%

三、简答题

1. 什么是蛋糕油？它的使用对蛋糕制作有什么作用？它有哪些不足之处？
2. 从对蛋糕的作用来看，蛋糕原料的性质分为哪两类？各有何功能？
3. 写出海绵蛋糕（直接拌合法）的搅拌过程。

模块三

戚风类蛋糕

师傅教路： 戚风类蛋糕（Chiffon Cake）是糅合了面糊类蛋糕和乳沫类蛋糕的做法而制成的一类蛋糕。戚风是英文chiffon的音译，原意是雪纺丝绸，戚风类蛋糕的质地像雪纺丝绸一样蓬松、柔软、富有弹性。戚风类蛋糕口味清淡，水分充足，而且在保存过程中不易干燥。另外，戚风类蛋糕还可做成各种蛋糕卷、波士顿派等。

戚风蛋糕卷

一、配方

原料		烘焙百分比（%）	重量（克）
面糊部分	低筋粉	100	600
	发粉	3	18
	糖	40	240
	盐	1	6
	蛋黄	100	600
	牛奶	43	258
	色拉油	50	300
蛋白部分	蛋白	200	1 200
	糖	100	600
	塔塔粉	1.5	9
总计		638.5	3 831

二、制作方法

1. 提前把低筋粉、发粉混合过筛，提前开好烤炉，温度设为180℃/160℃。

2. 烤盘底部不用刷油，将白纸四角割口后垫盘。

3. 将低筋粉、发粉、糖、盐加入大的不锈钢盆内，用手工打蛋器搅拌均匀。

4. 按顺序加入色拉油、蛋黄、牛奶，用手工打蛋器搅拌至均匀细滑。

5. 将蛋白部分的蛋白、塔塔粉加入干净的搅拌缸中，用搅拌球中速搅拌至湿性起泡。

6. 加入糖，继续中速搅拌至干性起泡。

7. 取1/3蛋白糊加入面糊中拌匀，再倒回剩余的蛋白糊中，搅拌至均匀细滑。

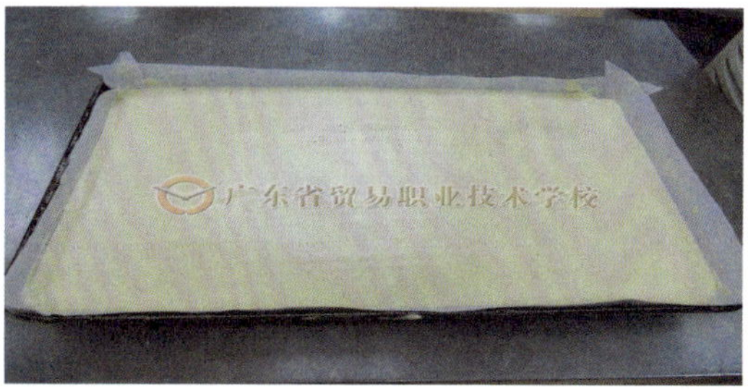

8. 装模，大约六成满。

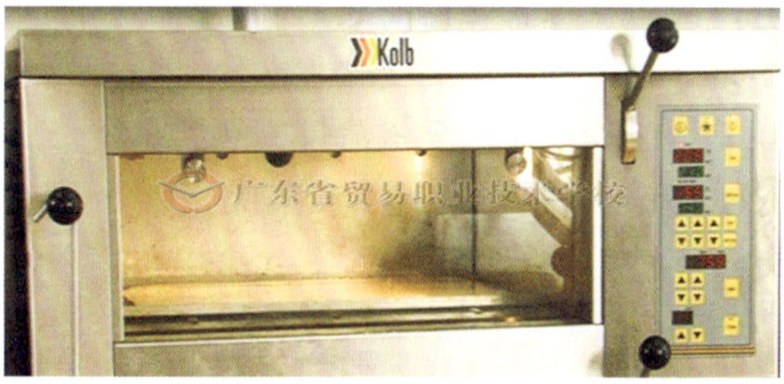

9. 入炉烘烤大约30分钟，温度设为180℃/160℃。

10. 出炉，冷却至室温，抹果酱后卷起。

三、产品照片

广东省贸易职业技术学校

四、产品特点

戚风蛋糕卷表皮光滑细腻，没有气泡，组织松软，水分充足。

议一议：

与魔鬼蛋糕、瑞士卷相比，戚风蛋糕卷的口感有什么不同？

指点迷津：

戚风类蛋糕是由面糊类蛋糕和乳沫类蛋糕综合改良而成的，改变了乳沫类蛋糕的组织和颗粒。戚风类蛋糕的质地非常柔软，组织松软，水分充足，久存不易干燥，气味芬芳，口味清淡。在制作过程中靠把鸡蛋清打成泡沫状，来提供足够的空气以支撑蛋糕的体积，再与加了蛋黄的黄面糊混合。虽然戚风类蛋糕非常松软，但带有弹性，且无软烂的感觉。

戚风蛋糕底

一、配方

原料		烘焙百分比（%）	重量（克）
面糊部分	低筋粉	100	300
	发粉	1	3
	糖	40	120
	盐	1	3
	蛋黄	75	225
	牛奶	30	90
	色拉油	30	90
蛋白部分	蛋白	150	450
	糖	85	255
	塔塔粉	1.5	4.5
总计		513.5	1 540.5

二、制作方法

1. 提前把低筋粉、发粉混合过筛，提前开好烤炉，温度设为180℃/160℃。

2. 模具洗干净后烘干，不刷油，不垫纸。

广东省贸易职业技术学校

3. 将低筋粉、发粉、糖、盐加入大的不锈钢盆内，用手工打蛋器搅拌均匀。

4. 按顺序加入色拉油、蛋黄、牛奶，用手工打蛋器搅拌至均匀细滑。

5. 将蛋白部分的蛋白、塔塔粉加入干净的搅拌缸中，用搅拌球中速搅拌至湿性起泡。

6. 加入糖，继续中速搅拌至干性起泡。

7. 取1/3蛋白糊加入面糊中拌匀，再倒回剩余的蛋白糊中，搅拌至均匀细滑。

8. 装模，大约六成满。

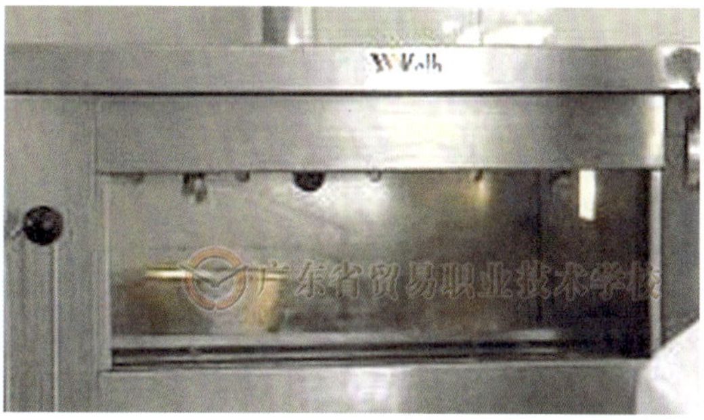

9. 入炉烘烤大约 30 分钟，温度设为 180℃/160℃。

10. 出炉，冷却后脱模。

三、产品照片

四、产品特点

戚风蛋糕底不收缩，颜色均匀，有弹性，组织松软细腻。

想一想：

用来做戚风蛋糕的蛋白需要提前预热至44℃吗？

香枕戚风蛋糕

一、配方

原料		烘焙百分比（%）	重量（克）
面糊部分	低筋粉	100	650
	发粉	3	19.5
	糖	30	195
	盐	2	13
	蛋黄	54	351
	牛奶	40	260
	色拉油	32	208
蛋白部分	蛋白	130	845
	糖	73	474.5
	塔塔粉	1.2	7.8
总计		465.2	3 023.8

二、制作方法

广东省贸易职业技术学校

1. 提前把低筋粉、发粉混合过筛，提前开好烤炉，温度设为180℃/160℃。

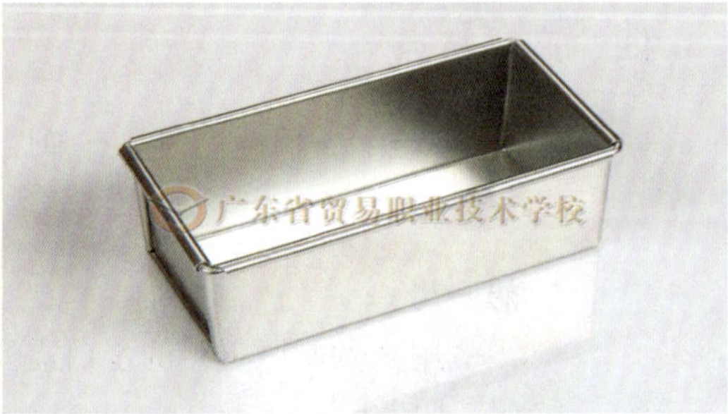
广东省贸易职业技术学校

2. 烤盘底部不用刷油，将白纸四角割口后垫盘。

3. 将低筋粉、发粉、糖、盐加入大的不锈钢盆内，用手工打蛋器搅拌均匀。

4. 按顺序加入色拉油、蛋黄、牛奶，用手工打蛋器搅拌至均匀细滑。

5. 将蛋白部分的蛋白、塔塔粉加入干净的搅拌缸中，用搅拌球中速搅拌至湿性起泡。

6. 加入糖，继续中速搅拌至干性起泡。

7. 取1/3蛋白糊加入面糊中拌匀，再倒回剩余的蛋白糊中，搅拌至均匀细滑。

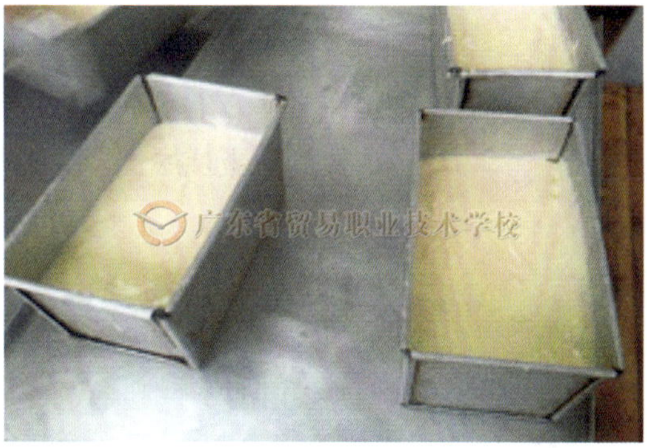

8. 装模，大约六成满。

9. 入炉烘烤大约 30 分钟，温度设为 180℃/160℃。

10. 出炉后，倒扣并架空冷却，完全冷却后脱模。

三、产品照片

四、产品特点

香枕戚风蛋糕表皮光滑，不收腰，弹性好，组织细腻，水分含量高。

找一找：

1. 香枕戚风蛋糕收缩的原因有哪些？
2. 导致香枕戚风蛋糕底部凹下去的原因是什么？

指点迷津：

1. 蛋白的干性起泡过度。
2. 面粉筋力太强，面糊搅拌不均匀。
3. 发粉不足，或者发粉失效。
4. 烘烤不足（火力不足、不匀，内部未烤透）。
5. 面糊搅拌过久，出面筋，或者面糊搅拌不均匀（顺序搞错）。
6. 烘烤过程受到震动。
7. 配方水分偏多，柔性材料偏多。

巧克力戚风蛋糕

一、配方

原料		烘焙百分比（%）	重量（克）
面糊部分	低筋粉	100	650
	发粉	3	19.5
	糖	30	195
	盐	2	13
	蛋黄	54	351
	牛奶	40	260
	色拉油	32	208
	可可粉	3	19.5
蛋白部分	蛋白	130	845
	糖	73	474.5
	塔塔粉	1.2	7.8
总计		468.2	3 043.3

二、制作方法

1. 提前把低筋粉、发粉混合过筛，提前开好烤炉，温度设为180℃/160℃。

2. 模具底部及内壁不用刷油。

3. 将低筋粉、发粉、糖、盐、可可粉加入大的不锈钢盆内，用手工打蛋器搅拌均匀。

4. 按顺序加入色拉油、蛋黄、牛奶，用手工打蛋器搅拌至均匀细滑。

5. 将搅拌好的面糊加入溶化好的面糊中。

6. 将蛋白部分的蛋白、塔塔粉加入干净的搅拌缸中，用搅拌球中速搅拌至湿性发泡。

7. 加入糖，继续中速搅拌至干性起泡。

8. 取 1/3 蛋白糊加入面糊中拌匀。

9. 倒回剩余的蛋白糊中，搅拌至均匀细滑。

10. 入炉烘烤大约 30 分钟，温度设为 180℃/160℃，出炉，冷却至室温。

三、产品照片

四、产品特点

巧克力戚风蛋糕既有戚风蛋糕的细腻、柔软，又有浓郁的巧克力风味，能将两者的优点很好地结合在一起。

轻芝士蛋糕

一、配方

原料		烘焙百分比（%）	重量（克）
面糊部分	低筋粉	62.5	100
	玉米淀粉	37.5	60
	蛋黄	87.5	140
	奶酪	156	250
	牛奶	125	200
	色拉油	62.5	100
蛋白部分	蛋白	187.5	300
	糖	100	160
	塔塔粉	2.5	4
总计		821	1 314

二、制作方法

1. 提前把低筋粉、玉米淀粉混合过筛，提前开好烤炉，温度设为160℃/140℃。

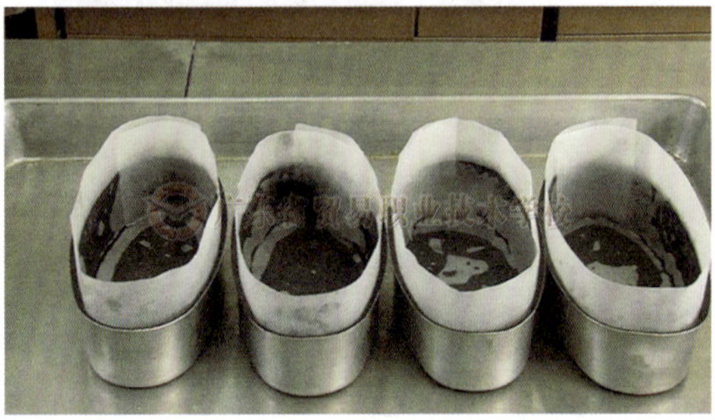

2. 提前把模具刷上液体油，垫纸。

3. 将奶酪、牛奶、色拉油隔水熔化加热至60℃，搅拌均匀。

4. 加入蛋黄，搅拌均匀，将低筋粉和玉米淀粉加入，搅拌均匀。

5. 将蛋白部分的蛋白和塔塔粉加入搅拌缸内，用搅拌球中速搅拌至湿性起泡。

6. 加入糖，继续搅拌至干性起泡。

7. 取1/3蛋白糊加入面糊中，拌匀，再倒回剩余的蛋白糊中，搅拌至均匀细滑。

8. 装模，大约六成满。

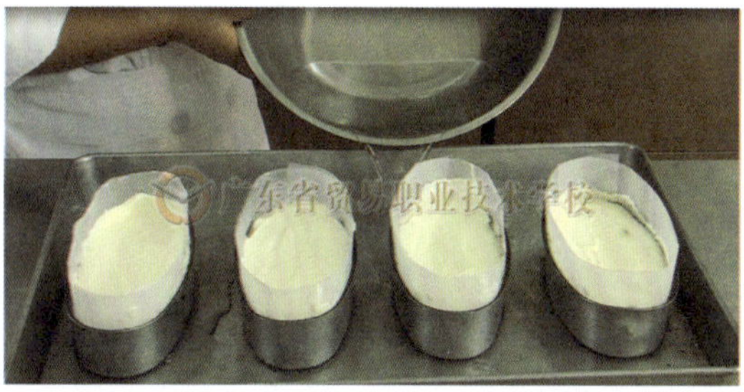

9. 隔水烘烤约80分钟，温度设为160℃/140℃。

10. 出炉，冷却后脱模。

三、产品照片

广东省贸易职业技术学校

四、产品特点

轻芝士蛋糕表面光滑，不收腰，组织均匀细腻，芝士味道浓郁。

议一议：

轻奶油芝士蛋糕为什么要隔水烘烤？

蛋白和蛋黄分开拌合法

师傅教路：

直接拌合法和糖蛋拌合法是海绵类蛋糕搅拌的两种主要方法。除此之外，还有一种把蛋白和蛋黄分开搅拌的方法，称为蛋白和蛋黄分开拌合法，如戚风类蛋糕的搅拌方法。

一、蛋白的搅拌

蛋白糊部分的搅拌，是蛋白和蛋黄分开拌合法制作的最关键工序。蛋白在搅拌过程中分为四个阶段：液态阶段→湿性起泡阶段→干性起泡阶段→棉花状态阶段。

1. 蛋白搅拌的第一阶段：液态阶段。先加入蛋白和塔塔粉，用中速搅拌。

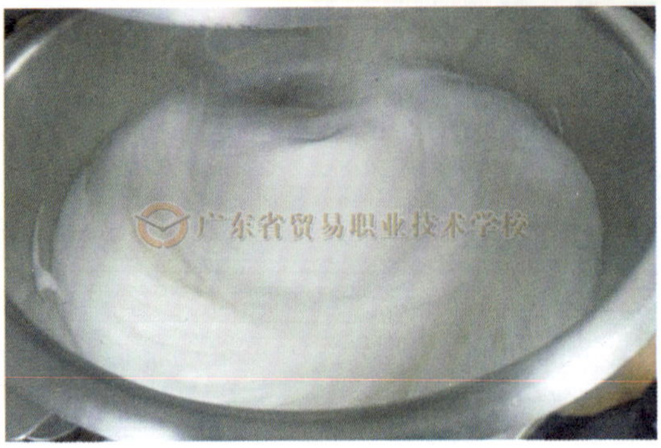

2. 蛋白搅拌的第二阶段：湿性起泡阶段。进入此阶段后，再加入细砂糖，以中速搅拌。

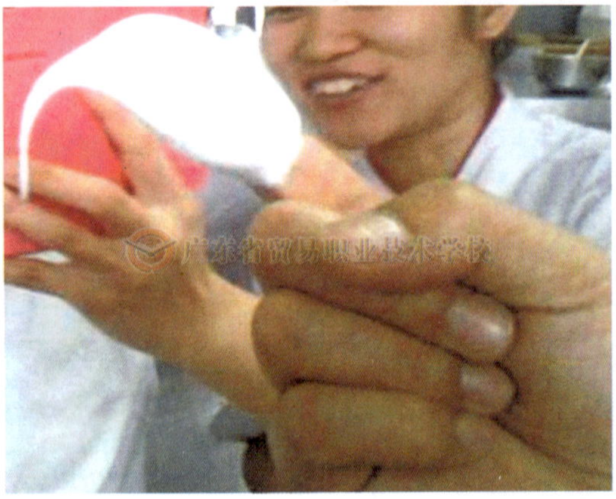
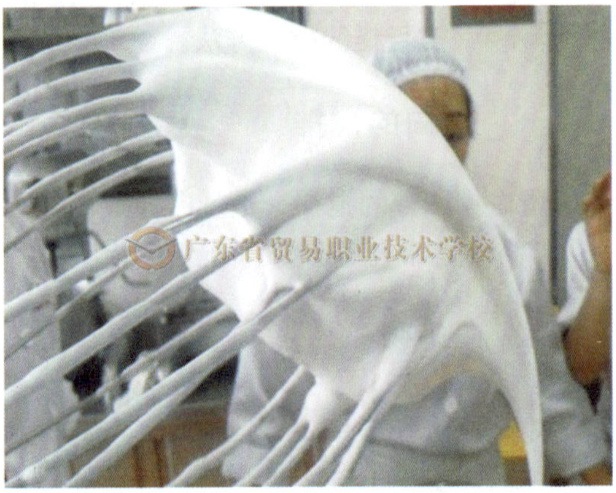

3. 蛋白搅拌的第三阶段：干性起泡阶段。用手勾起蛋白糊，向上形成尖峰。在制作天使蛋糕、戚风类蛋糕的过程中，蛋白液搅拌即此阶段。

4. 蛋白搅拌的第四阶段：棉花状态阶段。用手勾起蛋白糊，已经不能形成尖峰，而是呈现棉花状态。此阶段已不适于制作蛋糕，因为棉花状的蛋白糊很难分散到蛋黄糊中，无法形成均匀的蛋糊。

二、蛋黄的搅拌

蛋黄糊部分的搅拌一般有两种方法。

1. 传统搅拌法。把面粉与发粉过筛，再把糖、盐混合均匀，然后加入液体油，拌匀，再加入蛋黄，拌匀，最后加入牛奶或果汁，用打蛋器搅拌几分钟，至均匀光滑即可。

2. 改良搅拌法。先将糖和蛋黄混合，搅拌至糖溶解，再将色拉油和牛奶或果汁混合均匀，最后加入面粉和发粉混合物，搅拌至面糊光滑即可。

三、蛋白和蛋黄的混合

先取 1/3 打好的蛋白糊加入蛋黄糊中，用手轻轻拌匀。拌时手掌向上，动作要轻，由

上向下拌匀即可。切忌左右旋转或用力过猛，搅拌时间不可过长，避免蛋白部分受油脂影响而消泡，导致制作失败。拌好后，再将这部分蛋黄糊加到剩余的2/3蛋白糊里面，用手轻轻拌匀，要求手掌向上。整个过程必须用手混合，不断刮底；时间不可过长，否则气体会跑掉；搅拌过程中，尽量用手在面糊内搅拌，避免带入空气形成大气泡。

想一想：

1. 使用搅拌设备有哪些要求？
2. 什么样的蛋白易于打发？
3. 蛋白打发的终点如何判断？

指点迷津：

1. 搅拌设备的要求：应选择搅拌球进行搅拌，并且要求把搅拌缸、搅拌器清洁干净，无油迹。

2. 使用蛋白的要求：蛋白温度应控制为17℃～22℃，并且要求蛋要新鲜，蛋白内不能混有蛋黄，更不能混有油脂。

3. 蛋白打发终点的判断：戚风类蛋糕制作时，蛋白应该打发到干性起泡。蛋白干性发泡时无法看出发泡组织，颜色雪白而无光泽，用手指勾起时呈坚硬的尖峰状，即使将此尖峰倒置也不会弯曲，说明已经达到干性起泡。蛋白打发后比重为0.175～0.25。

行家出手：

蛋黄糊和蛋白糊要想混合得均匀，蛋白必须搅拌到干性发泡，蛋黄糊搅拌到光滑无颗粒才能混合均匀。有时两种糊混合时蛋白会呈现一团团像棉花的圆球，与面糊部分原料搅拌时不易拌散，这是因为蛋白部分在搅拌时打得太发以致超过干性起泡，达到了棉花状态，一团团蛋白夹在面糊中间很难弄碎，烤好后的蛋糕组织中就会存在这种生蛋白，影响蛋糕的品质。

戚风类蛋糕蛋白糊的比重与测定

一、面糊比重的测定

做一做：

蛋白糊的比重为0.175～0.25；

最终面糊比重为0.30～0.50。

指点迷津：

蛋白如果打发不够，则在与黄面糊混合后使面糊显得很单薄，表面有很多小气泡，蛋糕很容易收缩。如果蛋白糊部分打得太发，达到棉花状态，则混合时蛋白呈一团团棉花状。此时蛋白已失去了原有的强韧伸展性，既无法保存打入的空气，也失去了膨胀的功能，混合时不易拌散，会有一团团蛋白夹在面糊中间，使烤好后的蛋糕存在一块块生蛋白，而周围则形成空间，影响蛋糕品质。同时，因这些棉花状蛋白难以拌匀，往往需要较长的搅拌时间，而使面糊越拌越稀，从而导致制作失败。

二、面糊温度的测定

蛋白的最佳搅拌温度为17℃～22℃；黄面糊的最佳搅拌温度为室温20℃～25℃。

戚风类蛋糕的烘烤

师傅教路：

一定要掌握好炉温，其原则是面火高，底火低。如果控制得好，则蛋糕表面呈圆弧形，有些微缩现象；如果控制得不好，则蛋糕出炉后会往上收缩，甚至不能成型。使用平烤盘装载、用来做蛋糕卷的，其面火为 170℃～180℃，底火为 130℃～150℃。测试蛋糕是否烤熟应用手指平面处轻轻按压蛋糕表面中间部位，如果手指按下有坚实感觉即已熟透，应马上将蛋糕从烤炉中取出；如果手指按下仍有软软流动或者沙沙的感觉即未熟透，应给予适当时间继续烘烤。

高手支招：

蛋糕出炉后应马上从模具中倒出，如果垫衬纸，应尽快从衬纸中剥出，以免收缩。如果使用的是平烤盘，正确的取出方法是：在蛋糕表面放置冷却架，把装有蛋糕的烤盘翻转过来，取走烤盘，再用一个冷却架压在蛋糕底部，再次翻转，取走冷却架，马上把衬纸轻轻揭离蛋糕即可。如果衬纸不趁热揭离，等蛋糕冷却后衬纸会被黏住，影响美观。若使用的是实心杯子或活动的模具，则蛋糕出炉后应马上翻转过来，面朝下冷却，等完全冷却后再取出。

蛋糕大讲坛 蛋糕原料的选用（三）

一、膨松剂

师傅教路：

1. 膨松剂的定义：在食品加工过程中加入的能使面坯起发形成致密多孔组织，从而使制品膨松柔软或酥脆的物质。

2. 膨松剂的作用：经烘烤加热产生二氧化碳，在食品内部形成均匀致密的孔洞组织，体积增大，使面包、蛋糕等食品柔软且富有弹性，使饼干酥松、口感好。

3. 膨松剂的分类：

（1）生物膨松剂：以各种形态存在的品质优良的酵母进行发酵产生二氧化碳气体，从而使面团膨大，同时也产生发酵的风味物质，使面包具有浓郁的发酵香味和柔软的网络组织结构。

（2）化学膨松剂：也称合成膨胀剂。碳酸盐、磷酸盐、铵盐和矾类及其复合物，都能产生气体。化学膨松剂可分为碱性膨松剂和复合膨松剂两类。

4. 常用的化学膨松剂：

（1）小苏打：又名苏打、食粉、重曹。化学名称为碳酸氢钠。反应原理为碳酸氢钠受热产生碳酸钠、二氧化碳和水。

（2）发粉：又名发酵粉、泡大粉、泡打粉。发粉是利用酸碱中和的原理，在常温有水的环境中即可产生二氧化碳气体。

（3）臭粉：化学名称为碳酸氢铵。反应原理为碳酸氢铵加热分解产生氨气、二氧化碳和水。

想一想：

使用膨松剂的危害有哪些？

使用膨松剂时对产气快慢的选择相当重要。例如，在生产蛋糕时，若使用太多产气快的膨松剂，则在焙烤初期很快膨胀，此时蛋糕组织尚未凝结，从而使蛋糕到后期易塌陷且

质地粗糙不匀。与此相反，若使用太多产气慢的膨松剂，焙烤初期蛋糕膨胀太慢，待蛋糕组织凝结后，部分膨松剂尚未释放出二氧化碳气体，致使蛋糕体积增长不大。

二、可可粉

动动脑筋：

1. 魔鬼蛋糕的黑面糊是怎样调成的？
2. 可可粉使用前需要过筛吗？
3. 可可粉的吸水率大约是多少？

指点迷津：

1. 魔鬼蛋糕的黑面糊就是利用可可粉和发粉调制而成的。
2. 可可粉使用前一定要过筛。
3. 可可粉可以吸收自身重量1.5倍的水分。

高手支招：

因配方中使用了可可粉，糖的用量应稍微增加，以减少可可粉的苦味，同时，水的用量也应增加，以免面团过于干硬。可可粉应在阴凉干燥通风常温的环境下保存。

三、塔塔粉

指点迷津：

1. 塔塔粉是酸性调节剂，白色粉末状，化学名为酒石酸氢钾，蛋糕中常用的塔塔粉通常是复合酸性盐，它是制作戚风类蛋糕必不可少的原材料之一。

2. 塔塔粉的作用：

在制作蛋糕时，其主要用途是中和蛋白的碱性，增加蛋白的韧性，帮助蛋白打发，使蛋白更加洁白细腻。通常使用量为0.5%～5%，蛋储存得越久，蛋白的碱性就越强，需要加入的塔塔粉的量就越多，否则制品略有碱味且色黄。

高手支招：

如果没有塔塔粉，也可以用一些酸性原料如柠檬汁、橘子汁或者白醋来代替，但是使用的分量要根据替代物的酸度来调节。塔塔粉一般加入蛋白中搅拌均匀即可。

烘焙大视野　戚风蛋糕的由来与历史

1927 年，美国洛杉矶的一个名叫哈利・贝克的保险代理人，发明了最初的戚风蛋糕——Chiffon Cake。戚风，翻译自英文 chiffon，香港地区则译作雪芳蛋糕。“chiffon” 这个词是指极为轻薄柔软的组织物，意思是戚风蛋糕的内部组织非常柔软，有着绵密细致的口感。

由于戚风蛋糕的美味受众人称赞，哈利・贝克也不断地被要求出售戚风蛋糕的配方。但两年来，他一直小心翼翼地守护着秘方，只为银幕影星制作戚风蛋糕，且只把蛋糕卖给好莱坞明星和著名的布朗德比餐厅。

哈利・贝克制作明亮清新的戚风蛋糕的秘密有两点：一是把蛋白和蛋黄分开搅拌；二是使用植物油代替黄油或传统的固体油。

1947 年，通用磨坊从哈利・贝克处买到了戚风蛋糕的配方。哈利・贝克说，他之所以同意把戚风蛋糕的配方卖给通用磨坊，是因为“贝蒂・克罗克能将戚风蛋糕的秘密公开给全美国的女性”。

1948 年 5 月，通用磨坊在《贝蒂家园》杂志上公开了戚风蛋糕的配方秘密，使它变成了全国性的时尚。《贝蒂家园》杂志的广告称戚风蛋糕是“100 年来第一个真正的、新的蛋糕”。

到了 20 世纪 50 年代，通用磨坊赞助了戚风蛋糕比赛，美国各地的人创造并制作出了各种不同口味的戚风蛋糕。

从此，戚风蛋糕便一发不可收地风靡欧美，并于 20 世纪 60 年代之后“征服”欧洲，而后席卷日本、中国台湾及香港地区。

在制作戚风蛋糕时，把鸡蛋中的蛋白和蛋黄分开来搅打，拌入空气，然后送进烤箱使其受热膨胀。由于戚风蛋糕的面糊含水量较多，因此完成后的蛋糕体组织比其他类型的蛋糕松软，却又有弹性，而且富有蛋香、油香，令人回味无穷。戚风蛋糕组织膨松，水分含量高，味道清淡不腻，口感滋润嫩爽，是目前最受欢迎的蛋糕之一。

戚风蛋糕也是应用最广泛的基础蛋糕之一，比如生日蛋糕、奶油蛋糕、裱花蛋糕的基本蛋糕体，慕斯蛋糕的蛋糕层，甚至还可以在制作提拉米苏的时候代替意大利手指饼干。

虽然这是最基础的蛋糕之一，但也是最难学的蛋糕之一。想做出完美的戚风蛋糕是有一定难度的。

除了要有一个好的配方外，最关键的是要把握好蛋白的打发程度。这个环节掌握不好，就无法成功。

知识拓展　戚风蛋糕的配方平衡

戚风蛋糕是由乳沫类和面糊类两种不同的面糊分别调制再混合而成的，因此配方的平衡不但要考虑到这两种面糊本身的平衡，而且需考虑到混合后的平衡。

首先要决定面糊类和乳沫类两者之间的平衡。面糊类以面粉用量100%为准，乳沫类则以蛋白用量100%为准。

面糊类材料平衡的原则是糖的用量不超过面粉的用量，蛋的用量为45%～55%，油的用量等于或少于蛋的用量的10%，发粉的用量为2.5%～5%，总水量包括牛奶、果汁等（不包括蛋黄）需视所做产品的种类来决定。一般较大较厚的蛋糕水分用量为65%左右，而体积较小和用空心模具所做的产品水分用量在75%左右。因为使用的都是新鲜带壳的鸡蛋，为了不发生在同一个配方中有剩余蛋白或蛋黄的情况，原则上乳沫类中蛋白的用量如果是100%，则在称量蛋白时按需要的蛋白数量称出，剩下的蛋黄就作为面糊部分的用量。因为一般鸡蛋中蛋白和蛋黄的比例为2∶1，即使有差别，也不会太大，不像面糊类蛋糕每种材料都要精确。

乳沫类部分通常都以蛋白用量100%为标准，但最高可用到200%。在戚风蛋糕配方中，乳沫类部分只有蛋白、糖和塔塔粉三种原料，一般蛋白的用量定为100%，糖的用量则应定为66%。因为蛋白在搅拌时配以其本身重量2/3的糖，这样打出来的蛋白韧性和膨胀性最佳，另外再配以0.5%的塔塔粉，就完成了戚风蛋糕乳沫类部分的配方平衡。

依照以上面糊类和乳沫类的个别配方再予以混合，使之成为单一的配方，我们可算出配方中总蛋量为150%，而面糊部分的糖应定为70%左右，因为在海绵蛋糕配方中糖的用量最多应等于蛋，或少于蛋的30%，没有一定的标准用量，应视实际需要而定。根据经验，除了巧克力戚风蛋糕总糖量应用到170%左右外（也就是乳沫类部分66%，面糊类部分104%），其余的各种戚风蛋糕都可用到135%（也就是乳沫类部分66%，面糊类部分69%），面粉和油则列在面糊类部分，这样就完成了戚风蛋糕初步的配方平衡。

除了巧克力戚风蛋糕在配方平衡上应注意可可粉的使用，必须调整配方中的糖量和水分外，其余各种水果味戚风蛋糕只需依照标准配方视所采用水果的酸度，在加水部分增减其果汁的用量，就可做出不同的水果味戚风蛋糕。

模块三自我测验题

一、填空题

1. 搅拌蛋白时，要求蛋品要新鲜，蛋白内不能混有______，更不能混有______。

2. 制作戚风类蛋糕时，蛋白应打发至______阶段。

二、单项选择题

(　　) 1. 戚风类蛋糕主要依靠______产生膨发作用。

A. 蛋白　　B. 蛋黄

C. 化学膨松剂　　D. 蛋白和化学膨松剂

(　　) 2. 鸡蛋（全蛋和蛋白）的温度对起泡性的影响是______。

A. 鸡蛋温度越高，越易打发

B. 全蛋在20℃打发性好，蛋白在40℃打发性好

C. 全蛋在30℃左右起泡性最好，蛋白在20℃左右起泡性最好

D. 鸡蛋打发性跟温度没有关系

(　　) 3. 制作戚风类蛋糕时，如选用的是陈旧的面粉，则做出的蛋糕会______。

A. 体积过大　　B. 口感膨松

C. 体积收缩　　D. 以上都是

(　　) 4. 塔塔粉的作用是______。

A. 中和蛋白碱性　　B. 使蛋白颜色更加洁白

C. 使蛋白泡沫稳定　　D. 以上都是

(　　) 5. 戚风类蛋糕理想的蛋白部分温度范围为______。

A. 17℃ ~21℃　　B. 23℃ ~26℃

C. 26℃ ~28℃　　D. 28℃ ~30℃

(　　) 6. 制作巧克力戚风类蛋糕时应该选用______作为膨松剂。

A. 发粉　　B. 小苏打

C. 塔塔粉　　D. 臭粉

(　　) 7. 制作戚风类蛋糕时，最好采用______。

A. 细砂糖　　B. 粗砂糖

C. 转化糖浆　　D. 葡萄糖浆

(　　) 8. 制作传统戚风蛋糕时，采用以下哪种油脂效果更好？

A. 人造奶油　　B. 猪油

C. 色拉油　　D. 黄奶油

(　　) 9. 可可粉吸水量是其自身重量的______倍。

A. 0.5　　B. 1

C. 1.5　　D. 2

(　　) 10. 天然可可粉的 pH 值______。

A. 大于 7　　B. 小于 7

C. 等于 7　　D. 无法确定

(　　) 11. 蛋白和蛋黄混合时蛋白呈一团团棉花状，说明蛋白打发至______。

A. 粗大起泡　　B. 湿性起泡

C. 干性起泡　　D. 棉花状态

(　　) 12. 制作戚风蛋糕时，蛋白应该打发至______。

A. 粗大起泡　　B. 湿性起泡

C. 干性起泡　　D. 棉花状态

(　　) 13. 蛋白颜色雪白而无光泽，用手指勾起时呈坚硬的尖峰状，即使将此尖峰倒置也不会弯曲，说明已经达到______。

A. 粗大起泡　　B. 湿性起泡

C. 干性起泡　　D. 棉花状态

(　　) 14. 当蛋白打发至______时，已失去了原有的强韧伸展性，既无法保存打入的空气，也失去了膨胀的功能。

A. 粗大起泡　　B. 湿性起泡

C. 干性起泡　　D. 棉花状态

(　　) 15. 蛋白打发至______就与蛋黄搅拌，则在与黄面糊混合后面糊会显得很单薄，表面有很多小气泡，蛋糕很容易收缩。

A. 粗大起泡　　B. 湿性起泡

C. 干性起泡　　D. 棉花状态

(　　) 16. 蛋白打发至______阶段，难以拌匀，往往需要较长的拌和时间，从而使面糊越拌越稀，导致制作失败。

A. 粗大起泡　　B. 湿性起泡

C. 干性起泡　　D. 棉花状态

(　　) 17. 可可脂油性只有普通油脂的______。

A. 50%　　B. 20%

C. 70%　　D. 60%

(　　) 18. 可可粉来源于______。

A. 可可豆　　B. 巧克力

C. 咖啡豆　　D. 果仁的壳

(　　) 19. 可可粉的风味与所含的______有关。

A. 可可固形物含量　　B. 巧克力含量

C. 可可脂含量　　D. 碱性大小

(　　) 20. 可可粉的吸水率比面粉要高，配方中添加可可粉时，应同时添加可可粉重量______倍的水分来平衡配方。

A. 1　　B. 1.5

C. 2　　D. 3

(　　) 21. 加入可可粉时可以加入______拌匀使用。

A. 油脂　　B. 水

C. 面粉　　D. 以上均可

E. 只有 B 和 C

(　　) 22. 经过碱处理的可可粉一般颜色较深，香味更浓。

A. 对　　B. 不对

(　　) 23. 行业中所说的高脂可可粉，其可可脂含量为______。

A. >20%　　B. ≥20%

C. 20% ~24%　　D. 10% ~12%

(　　) 24. 加入合适的化学膨松剂可以使产品______。

A. 膨松　　B. 口感松脆

C. 体积增大　　D. 以上都是

E. 只有 A 和 B

(　　) 25. 发粉在加热过程中产生______，从而产生膨发作用。

A. 二氧化碳　　B. 水蒸气

C. 氨气　　D. 以上都是

(　　) 26. 臭粉在加热过程中产生______，从而产生膨发作用。

A. 二氧化碳　　B. 水蒸气

C. 氨气　　D. 以上都是

(　　) 27. 蛋储存时间越长，需要加入的塔塔粉将会______。

A. 越多　　B. 越少

C. 与蛋储存时间无关　　D. 以上都不是

(　　) 28. 塔塔粉的作用是______。

A. 中和蛋白碱性　　B. 帮助蛋白起发

C. 使蛋白泡沫稳定　　D. 以上都是

(　　) 29. 塔塔粉的成分为______。

A. 酸性盐　　B. 碱性盐

C. 中性盐　　D. 以上都不是

(　　) 30. 可以替代塔塔粉的是______。

A. 柠檬汁　　B. 食醋

C. 醋精　　D. 以上都可以

三、简答题

1. 蛋白打发的四个阶段是什么？各有什么特征？
2. 打蛋白时加入塔塔粉有什么作用？

模块四

水果蛋糕与果仁蛋糕

师傅教路： 水果和果仁蛋糕，是指在蛋糕面糊搅拌时，加入水果、果脯或果仁等，从而制得带有水果风味的蛋糕。面糊类蛋糕添加水果、果脯或果仁后，可减轻奶油的油腻味。乳沫类蛋糕和戚风类蛋糕添加水果、果脯或果仁后，则可增添风味。

项目一

葡萄干蛋糕

一、配方

原料	烘焙百分比（%）	重量（克）
高筋粉	25	200
低筋粉	75	600
奶油	67	536
鸡蛋	100	800
糖	83	664
发粉	1.5	12
葡萄干	40	320
总计	391.5	3 132

（250 克方包模具 5 个）

二、制作方法

1. 葡萄干提前浸泡，水不可过多，适当加入一些朗姆酒，使用前裹入适量的高筋粉。

2. 提前把面粉、发粉混合过筛，烤模刷上已熔化的奶油，然后沾上高筋粉，提前开好烤炉，温度设为190℃/180℃。

3. 使用糖油拌合法搅拌，糖、油脂、盐用搅拌桨中速搅拌至松发状态。

4. 鸡蛋分多次加入，中速搅拌均匀，必要时可以加入适量面粉以避免油水分离。

5. 把面粉、发粉加入面糊中，慢速搅拌均匀。

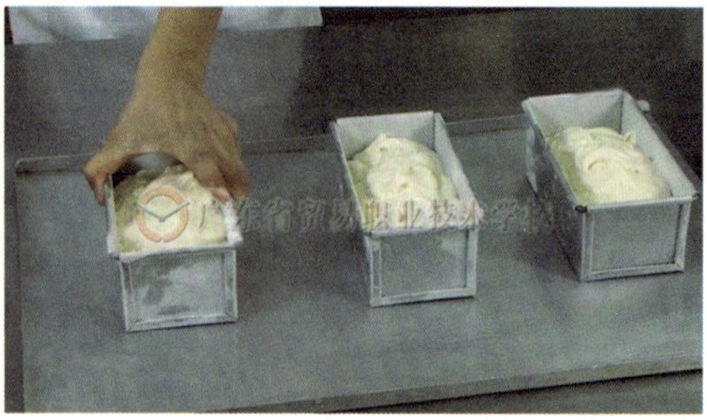

6. 将葡萄干加入面糊中，慢速搅拌均匀，装模，大约七成满。

7. 入炉烘烤大约 40 分钟，温度设为 190℃/180℃。

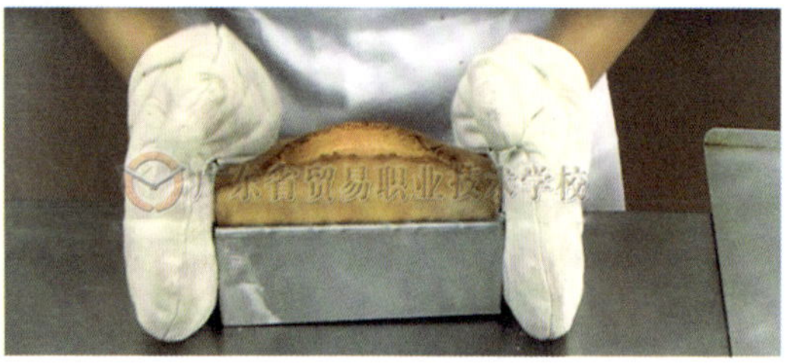

8. 出炉，脱模冷却。

三、产品照片

四、产品特点

葡萄干蛋糕具有浓郁的奶油香味，葡萄干分布均匀，不沉底。

动动脑筋：

1. 葡萄干蛋糕中葡萄干沉底的原因有哪些？

2. 葡萄干蛋糕的口感比魔鬼蛋糕油腻还是清甜？

奶油蛋糕中添加水果或果脯，可减轻奶油的油腻味。

核桃杏仁蛋糕

一、配方

原料	烘焙百分比（%）	重量（克）
低筋粉	100	1 000
鸡蛋	100	1 000
奶油	100	1 000
糖	90	900
核桃仁	30	300
杏仁	40	400
葡萄干	15	150
总计	475	4 750

（250 克方包模具 6 个）

二、制作方法

1. 低筋粉过筛，果仁使用前烤香，提前开好烤炉，温度设为 180℃/160℃。

2. 使用糖油拌合法，糖、奶油放入搅拌缸中，用搅拌桨中速搅拌至松发状态。

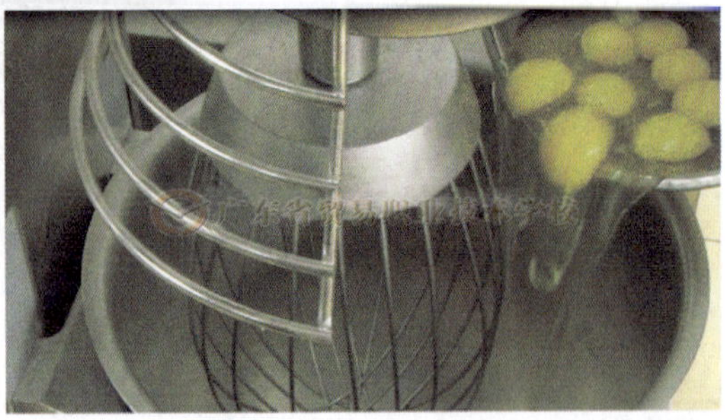

3. 鸡蛋分多次加入，中速搅拌均匀，必要时可以加入适量低筋粉以避免油水分离。

4. 将低筋粉加入面糊中，慢速搅拌均匀。

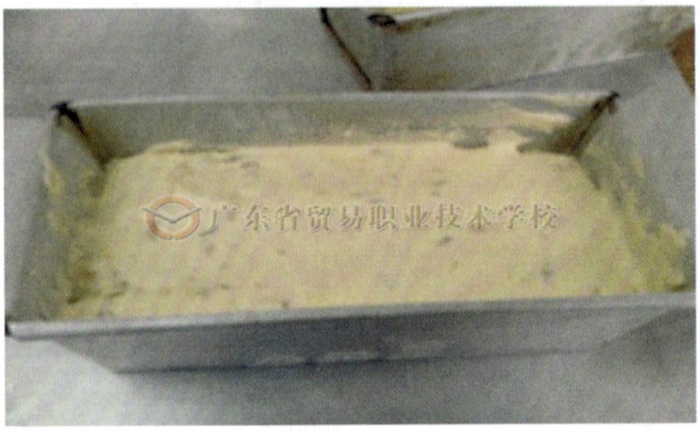

5. 加入葡萄干和果仁，慢速搅拌均匀，面糊装入吐司模，大约七成满。

6. 入炉烘烤大约 30 分钟，温度设为 180℃/160℃；熟后出炉，冷却。

三、产品照片

四、产品特点

核桃杏仁蛋糕具有浓郁的奶油香味，加上杏仁、核桃仁、葡萄干的果香，健康又美味，果仁、果脯分布均匀，不沉底。

想一想：

1. 烘烤后的核桃仁为什么要去掉外衣（皮）？
2. 烘烤后的核桃仁为什么一定要弄碎成小粒，而不能整片地放到蛋糕面糊里？

议一议：

1. 如果杏仁片是准备铺撒在蛋糕表面的，那是否需要事先烘烤好？
2. 铺撒在蛋糕表面的杏仁片，是在蛋糕入炉前放还是在出炉后再放？

香蕉蛋糕

一、配方

原料	烘焙百分比（%）	重量（克）
高筋粉	20	100
低筋粉	80	400
发粉	1.2	6
小苏打	1.5	7.5
鸡蛋	20	100
糖	85	425
香蕉	100	500
奶油	40	200
牛奶	20	100
盐	2	10
总计	369.7	1 848.5

（250 克方包模具 3 个）

二、制作方法

1. 提前将高筋粉、低筋粉、发粉、小苏打混合过筛，提前开好烤炉，温度设为190℃/185℃。

2. 使用糖油拌合法搅拌面糊，把糖、奶油、盐、香蕉放入搅拌缸中，用搅拌桨中速搅拌至松发状态。

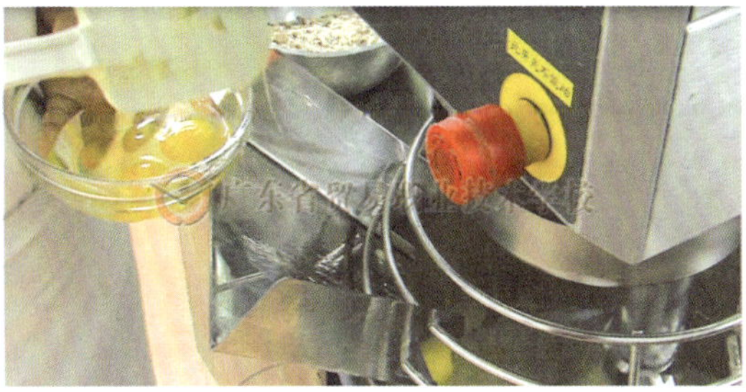

3. 鸡蛋分多次加入，中速搅拌均匀，必要时可以加入适量面粉以避免油水分离。

4. 将高筋粉、低筋粉、发粉、小苏打和牛奶交替加入，慢速搅拌均匀。

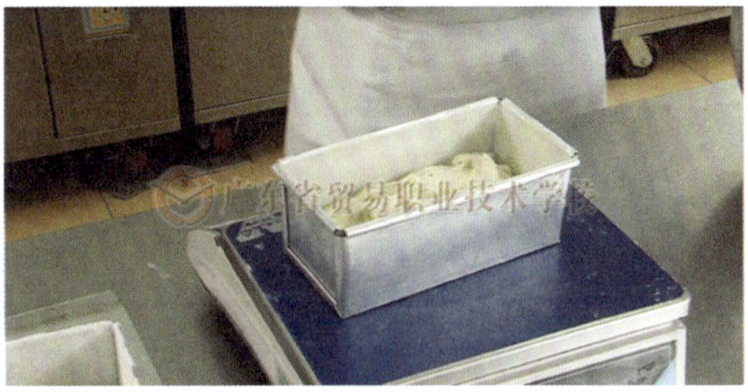

5. 装模，大约七成满，入炉烘烤大约 30 分钟，温度设为 190℃/185℃。

6. 出炉，冷却。

三、产品照片

四、产品特点

香蕉蛋糕口感松软，做法简单，香味浓郁，既营养又美味。

想一想：

1. 香蕉蛋糕加入小苏打过多，对口味有什么影响？

2. 小苏打和发粉有什么区别？

枸杞桂圆蛋糕

一、配方

原料	烘焙百分比（%）	重量（克）
低筋粉	100	1 000
糖	100	1 000
奶油	80	800
盐	2	20
鸡蛋	88	880
牛奶	20	200
发粉	0. 6	6
枸杞	20	200
桂圆	20	200
总计	430. 6	4 306

二、制作方法

1. 将桂圆洗净切碎，放入锅内用水煮至桂圆松软，再加入朗姆酒和洗净的枸杞，煮至枸杞松软和水干。

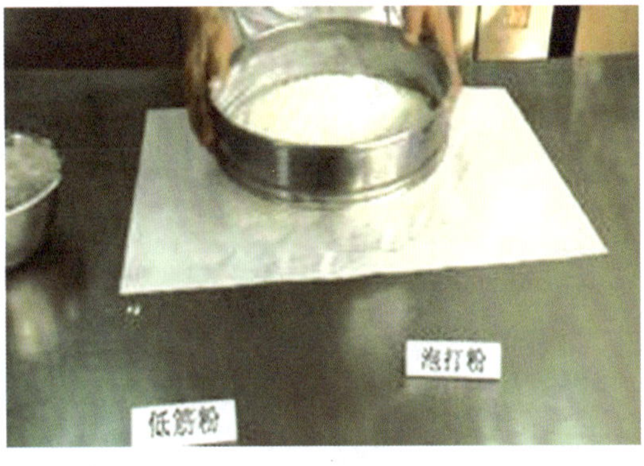

2. 提前把低筋粉、发粉混合过筛，提前开好烤炉，温度设为190℃/170℃。

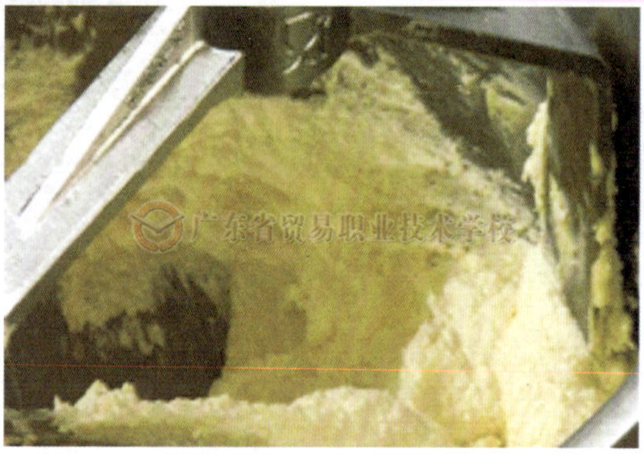

3. 使用糖油拌合法搅拌，糖、油脂、盐用搅拌桨中速搅拌至松发状态。

4. 鸡蛋分多次加入，中速搅拌均匀，必要时可以加入适量低筋粉以避免油水分离。

5. 低筋粉、发粉和牛奶交替加入，慢速搅拌均匀。

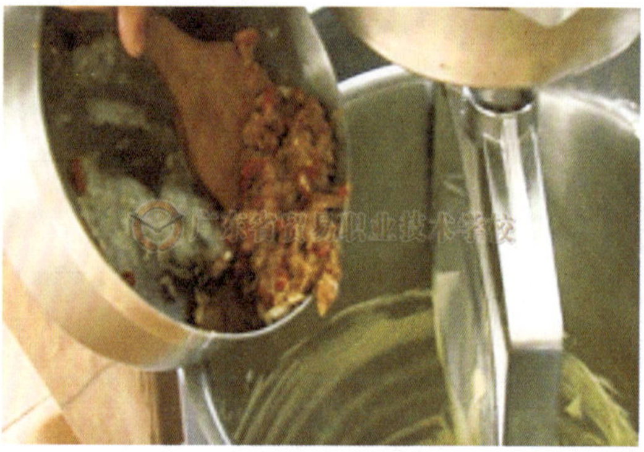

6. 加入枸杞、桂圆，慢速搅拌均匀。

7. 装模，大约七成满，入炉烘烤大约 30 分钟，温度设为 190℃/170℃。

8. 出炉，冷却。

三、产品照片

四、产品特点

枸杞桂圆蛋糕油香浓郁，加上桂圆和枸杞等健康食材，具有补气养颜的功效。

议一议：

枸杞和桂圆为什么需要提前煮制？

红枣蛋糕

一、配方

原料	烘焙百分比（%）	重量（克）
低筋粉	100	300
红枣	23	69
水	15	45
葡萄干	77	231
白兰地	23	69
鸡蛋	100	300
糖	88	264
盐	0.8	2.4
发粉	3	9
小苏打	1	3
色拉油	96	288
总计	526.8	1 580.4

二、制作方法

1. 提前把低筋粉、发粉、小苏打混合过筛，提前开好烤炉，温度设为190℃/185℃。

2. 红枣去核切碎，与葡萄干、水、白兰地一起煮软，备用。

3. 将鸡蛋、糖、盐放入搅拌缸中，使用搅拌球慢速搅拌至糖溶解，然后高速搅拌约 4 分钟，至面糊湿性起泡。

4. 慢速拌入色拉油。

5. 慢速拌入低筋粉、发粉、小苏打。

6. 慢速拌入红枣、葡萄干。

7. 装模，大约七成满，入炉烘烤大约 25 分钟，温度设为 190℃/185℃。

8. 出炉，冷却。

三、产品照片

四、产品特点

红枣蛋糕红枣味浓郁，分布均匀，不沉底。

水果、果脯和果仁的前处理

烘焙业中，水果、果脯和果仁的应用是十分广泛的，各种水果、果脯和果仁都有其独特的风味和营养价值，为烘焙制品增添了不同的风味，还提高了营养价值。

常用的水果有香蕉、芒果、草莓、黄桃、菠萝、樱桃、柠檬等。

常用的果脯有葡萄干、西梅、黄桃干、红枣等。

常用的果仁有核桃仁、杏仁、瓜子仁、榄仁、花生仁、芝麻、腰果、榛子仁等。

让我们注意一下水果的使用方法。

一、新鲜水果的前处理

水果酸甜适口，与富含脂肪的蛋糕搭配可以明显改善口感。过去蛋糕制作时大都采用罐头水果，近年来多使用新鲜水果。使用新鲜水果时应注意以下几点：

1. 必须选择新鲜、成熟度高、无虫蛀的水果。
2. 冲洗水果要用流动的饮用水，必要时进行消毒。
3. 用剩的水果必须根据水果的特性采用适当的贮存方法。
4. 使用时有的是切成小粒加到蛋糕面糊中，有的是与蛋糕面糊一起搅拌，还有的要进行煮制（煮到软烂为止）后加入已搅拌好的蛋糕面糊中。

二、果脯和果干的前处理

议一议：

和新鲜的水果相比，果脯和果干在使用前应该采取怎样的前处理方法？

指点迷津：

果脯和果干在蛋糕制作过程中经常使用，它们可以调节蛋糕的风味，但都需要进行前期处理。因为果脯和果干都是经过腌制的，水分较少，如果不加水浸泡，这些果脯和果干则会在烘烤过程中吸收周围蛋糕面糊的水分，导致蛋糕成品在果脯和果干周边形成空洞，切片时极易散落。

1. 葡萄干的前处理：

（1）将葡萄干用35℃的温水浸泡5分钟，至水分达到40%左右，软硬度适宜。

（2）将水沥干，加入适量朗姆酒进行浸泡。

（3）在葡萄干表面撒上适量的高筋粉，轻轻晃匀，使葡萄干表面包裹上薄薄的一层高筋粉即可。

2. 红枣干的前处理：

红枣干在使用前根据实际情况决定是否

需要浸泡。如果红枣干的含水量过低、质地太硬，应先进行浸泡处理，但水分不宜过多，否则吸水过多的红枣干在加入蛋糕面糊中后会出现沉底现象。

说一说：

蛋糕制作过程中花生仁使用前应如何处理？

三、果仁的前处理

1. 果仁富含油脂，尤其是不饱和脂肪酸相对较多，储存不当容易变质，产生“油哈喇”味，不宜食用，所以选用时必须保证是没变质的。

2. 使用前，剥壳、去皮，放入烤炉中进行烘烤。先将果仁烤至微黄色，烤出香味后将外层的果衣去除，如核桃仁、花生仁等。

3. 擀碎处理，根据不同需要，处理成不同碎度。

4. 用于表面装饰的果仁，且装饰后需要烘烤的，则不需要提前烘烤。

行家出手：

杏仁的前处理

杏仁是一种健康食品，适量食用不仅能降低胆固醇，还能显著减少心脏病和各种慢性疾病的发生，除此之外，杏仁还有许多药用价值。但杏仁不能过量食用，因为其中含有毒物质氢氰酸，过量食用会中毒，所以杏仁在食用前一定要浸泡多次，并用水煮沸，减少以至清除其中的有毒物质。

而我们烘焙产品经常使用的是美国大杏仁，其实并不是我们所讲的杏仁，而是一种扁桃仁，营养价值也很高，但没有普通杏仁的药理作用。

水果蛋糕的烘烤

高手支招：

水果蛋糕可以做成面糊类蛋糕、乳沫类蛋糕和戚风类蛋糕，其制作工艺过程与各类蛋糕大同小异。但由于在水果蛋糕中，蛋糕面糊和表面添加了水果或果脯，果仁、果脯的添加量多的可达 50% ~ 80%，所以其烘烤操作也应与其他没加水果或果脯的蛋糕不同。

一、模具的处理

多数的水果蛋糕都是整个蛋糕保持其原外形出售，应防止表皮破损。因此，装面糊前要注意对模具进行处理。

方法一：模具的四周和底部垫白纸。

方法二：模具的四周和底部先刷油，然后沾上高筋粉。

由于水果蛋糕的比重比没有水果的同类蛋糕大，所以装模时可适当比同类的蛋糕多装一些面糊，但也不能多太多，否则会溢出模具。一般以六成满为好。

二、入炉烘烤与顶部开口

水果蛋糕一般采用中温或中高温烘烤，比较小的、中等大小的水果蛋糕，可采用面火 220℃、底火 180℃来烘烤。

具体温度选择，要根据蛋糕模具的形状、蛋糕的厚薄、配方中是否有果脯等来确定。

面糊类水果蛋糕与面糊类蛋糕一样，其成品要求顶部有一道漂亮的裂口。因此，烘烤时，待表面着色后，用利刀划开顶部，同时将烘烤温度调至 160℃ ~180℃，烤熟为止。

在烘烤水果蛋糕时，要注意的是，要完全烤透、烤熟。烤的过程要调盘，保证烘烤均匀。

烤完的产品最好高出模具 1 厘米，所以装模要均一。

三、出炉与后处理

判断体积较大蛋糕烤透的方法：

（1）插入竹签不黏。

（2）用手轻摁蛋糕表面，感觉有弹力。

（3）蛋糕侧面开始脱离模具。

注意：不要烘烤过头。无论是蛋糕还是面包，烘烤过头，体积都会收缩。

出炉后可进行后处理，也可直接进入冷却工序。

枕头形果脯蛋糕表面还可以扫光亮剂装饰。配方中添加10%牛奶可使蛋糕更湿润。有的水果蛋糕表面在烘烤后还要加放杏仁片或其他水果片。

蛋糕冷却至室温后应马上包装。

蛋糕大讲坛　蛋糕原料的选用（四）

一、糖

想一想：

1. 做蛋糕时常用哪些糖？
2. 制作蛋糕时糖起什么作用？

师傅教路：

糖在蛋糕制作中的作用

1. 与蛋白一起形成蛋糕体积的骨架。尤其是在海绵蛋糕中，糖与蛋液一起被搅拌，蛋液加入空气后慢慢膨胀，糖则能使气泡坚硬，保证气泡的稳定。

2. 形成蛋糕的甜味，改善蛋糕成品的风味。在烘烤过程中，糖产生焦糖化反应和美拉德反应，其反应产物会产生烘焙产品特有的烘焙香味。

3. 产生蛋糕成品的表面颜色。糖是烘焙产品的天然着色剂。糖的焦糖化反应和美拉德反应可使烤制品在烘焙时形成金黄色或棕黄色表皮。

4. 提高产品的货架寿命。糖的吸湿性和保湿性可使蛋糕在一定的时期内保持柔软，使蛋糕成品具有一定的甜味和各种糖特有的风味。

行家出手：

糖的性质对蛋糕制作的影响

1. 吸湿性和保湿性。这两种性质对于保持糕点的柔软和贮藏具有重要的意义。

2. 渗透性。糖溶液具有较强的渗透压，糖分子很容易渗透到吸水后的蛋白质分子或其他物质中间，而把已吸收的水排挤出来。因此，糖不仅可以增加制品的甜味，还能起到延长保质期的作用。面团中添加糖或糖浆，可降低面筋蛋白质的吸水性，使面团弹性和延伸性减弱。

3. 黏度。不同的糖，黏度不同，利用糖的黏度可提高制品的稠度和可口性。

4. 焦糖化反应和美拉德反应。焦糖化反应和美拉德反应是烘焙制品着色的两个重要途径。焦糖化反应说明了糖的热敏性。对热敏感度高可加快制品烘烤时的上色速度，促进制品颜色的形成。对热敏感度较低，则呈色不深。美拉德反应是使烘烤食品表面着色的另一个重要途径，也是烘焙制品产生特殊香味的重要来源。在美拉德反应中除了产生色素物质外，还产生一些挥发性物质，形成特有的烘焙香味。

二、盐

动动脑筋：

1. 烘焙所使用的盐的种类有哪些？
2. 制作蛋糕时，盐起什么作用？

指点迷津：

盐根据来源可以分为海盐、湖盐、井盐等；根据粗细程度不同可分为粗盐和精盐；按照加工加入的成分或功能不同可分为加碘盐、调味盐、低钠盐等。在蛋糕制作中通常使用精盐，如使用粗盐需要将盐先溶解于水中，一般使用量低于2.5%。

盐在蛋糕制作中的作用有：

1. 降低甜度，提高适口度。不加盐的蛋糕甜味重，食后生腻，而盐不仅能降低甜度，还能烘托出其他独特的风味。

2. 提高内部洁白度，使蛋糕内部看起来更加洁白，有光泽。

烘焙大视野　蛋糕制作中使用糖的种类

蛋糕制作中使用糖的种类有：

1. 精制白砂糖：纯度高、水分低、杂质少。

2. 粗砂糖：纯度低、杂质多、水分大、颜色浅黄。

3. 绵白糖：晶体细小均匀，颜色洁白，质地软绵。

4. 赤砂糖：粒状晶体，颜色棕黄色，杂质较高。

5. 红糖（片糖、黄糖）：含有浓浓的糖蜜及蜂蜜的香味，常用于制作风味较重的蛋糕或饼干。

6. 糖粉：将糖研磨成粉状，一般糖粉内均加入约3%的淀粉防止其结块，用于表面装饰或制作较松软的西点。

7. 红糖粉：纯度比红糖高些，比红糖使用量大。

8. 葡萄糖粉及葡萄糖浆：由淀粉通过酶催化或在酸存在下经水解作用得到葡萄糖浆，再经喷雾干燥后即可得粉状葡萄糖，一般含水8%。

9. 麦芽糖浆：由大麦、小麦经麦芽酶作用于水而得，我国生产的成品一般称为饴糖。

10. 转化糖浆：由蔗糖与水在酸存在下，加热制得。其黏度低、透明好，是做广式月饼必需的原料。

11. 果葡萄糖浆（异构糖浆）：把转化糖浆中的一部分葡萄糖在葡萄糖酶的作用下，转化为果糖。工业上生产的果葡萄糖浆的异构转化率为42%，此时的甜度与蔗糖相等。若再提高转化率，则可得到更高的甜度。

12. 蜂蜜：蜜蜂的分泌物，甜度较高，是一种含果糖及葡萄糖等单糖的天然糖浆，风味特殊，有保温作用。加入蜂蜜的蛋糕种类很多，如蜂蜜蛋糕等。

13. 糖蜜：糖厂制糖时，糖浆经浓缩后剩下的母液，杂质最多，但具有特殊的香味，生产全麦面包时常使用。

14. 焦糖：一种糖食。以接近或超过115℃的温度熬煮白糖，使之呈现浅黄色或近乎咖啡色，并带有焦香味，即可得焦糖。一般做布丁的时候使用，多吃有害。

15. 糖醇：一种多元醇，含有两个以上羟基。糖醇虽然不是糖，但具有某些糖的属性。目前开发的有山梨糖醇、甘露糖醇、赤鲜糖醇、麦芽糖醇、乳糖醇、木糖醇等，这些糖醇对酸、热有较高的稳定性，不容易发生美拉德反应，成为低热值食品甜味剂，广泛应用于低热值食品的配方中。

知识拓展　蛋糕常用的果仁、果干

一、常用的果仁

（一）杏仁（almond）

杏仁有南杏仁、北杏仁、新疆巴旦木及美国大杏仁，在我国统称为杏仁。从味道上分，杏仁分为甜杏仁和苦杏仁两种。

我国南方产的杏仁属于甜杏仁（又名南杏仁），具有润肺、止咳、润肠等功效。

我国北方产的杏仁则属于苦杏仁（又名北杏仁），带苦味，多作药用，具有润肺、平喘的功效。但苦杏仁一次服用不可过多，其含有毒物质氢氰酸（甜杏仁的氢氰酸含量约为苦杏仁的1/3），过量服用可致中毒。所以，食用前必须先在水中浸泡多次，并加热煮沸，减少以至消除其中的有毒物质。

美国大杏仁，又叫巴旦杏、巴旦木，分类学上属于扁桃的种仁，与我国的杏仁同科不同属，是桃属。但早期进入中国时由于翻译上的原因，一直被称为“杏仁”，现美国加州杏仁商会宣布“美国大杏仁”将逐步更名为“巴旦木”。

（二）核桃仁（walnut）

核桃仁又名胡桃仁、胡桃肉，核桃本品为胡桃科植物胡桃的干燥成熟种子。秋季果实成熟时采收，除去肉质果皮，晒干，再除去核壳及木质隔膜。核桃既可以生食、炒食，也可以榨油、配制糕点和糖果等，不但味美，而且营养价值很高，被誉为“万岁子”“长寿果”。

（三）橄榄仁（olive seed）

橄榄仁中富含各种营养成分，尤其是蛋白质和脂肪含量较高，8 种必需的氨基酸齐全，是一种营养价值较高的完全植物蛋白。橄榄仁中所含的脂肪酸为人体必需的脂肪酸，具有抗肿瘤、降血脂、给脑细胞提供营养、调节植物神经等作用；其中所含的矿物质含量也非常丰富，铁、钙、钾、镁含量较高，具有很大的营养保健作用。

（四）芝麻（sesame）

芝麻有黑白两种，用于烘焙食品以白芝麻为好，补益药用则以黑芝麻为佳。芝麻既可食用，又可作为油料。日常生活中，人们吃的多是芝麻制品：芝麻酱和香油。而吃整粒芝麻的方式则不是很科学，因为芝麻外面有一层稍硬的膜，只有把它碾碎，其中的营养素才能被吸收。所以，整粒的芝麻炒熟后，最好用食品加工机搅碎或用小石磨碾碎了再吃。

（五）松子仁（pine nut）

松子仁为松科松属植物中的华山松、红松、马尾松的种仁。在人们心目中，松子被视为“长寿果”，又被称为“坚果中的鲜品”，为人们所喜爱，对老人最有益。

二、常用的果干

烘焙业中果干的应用是十分广泛的，各种果干都有它独特的营养价值和风味。常用的果干有葡萄干（提子干）、蓝莓干、蔓越莓干、西梅干、樱桃干、无花果干、橘皮干等。

（一）葡萄干（raisin）

葡萄干为葡萄科葡萄属植物各种葡萄的果实，铁和钙含量十分丰富，是儿童、妇女及体弱贫血者的滋补佳品，可补血气，暖肾，治疗贫血、血小板减少等。

（二）蓝莓干（blueberry）

蓝莓是一种营养价值相当高的水果，含有高浓度的花青素，抗氧化力强，作为维生素 C 和食物纤维的来源提供者，可防癌症，减少眼睛疲劳和加强夜视力，能够延缓记忆力衰退和预防心脏病。其保健作用已经被人们逐步认识。

（三）蔓越莓干（cranberry）

蔓越莓又称蔓越橘、小红莓，其名称来源于“鹤莓”，因蔓越莓的花朵很像鹤的头和嘴而得名。

（四）西梅干（prune）

西梅富含纤维素、维生素 A、矿物质、微量元素等，对保护视力、维持肌肤和头发的健康极为重要，同时有助于人体骨骼生长、牙齿发育等。

模块四自我测验题

一、填空题

1. 在制作蛋糕时，蛋糕的颜色变化是由于发生了______反应和______反应。

2. 转化糖浆是由______与水在酸存在下，加热制得。

3. 一般糖粉内均加入约3%的______防止其结块，用于表面装饰或制作较松软的西点。

4. 制作葡萄干蛋糕时，应加入______防止葡萄干沉底。

二、单项选择题

（　　）1. 下列哪种不是烘焙中常用的坚果？

A. 北杏仁　　B. 核桃仁

C. 橄榄仁　　D. 榛子

（　　）2. 果仁储存不当，会产生油哈喇味，下列不适合果仁存放的条件是______。

A. 干燥　　B. 冷藏

C. 阳光直射

（　　）3. 蛋糕和西点用的果仁，都需要先将果仁烤至微黄色，烤出香味后才加入产品中。

A. 对　　B. 不对

C. 无法确定

（　　）4. 生产蛋糕时在______加入果仁，然后拌匀即可。

A. 搅拌最后阶段　　B. 搅拌初期

C. 搅拌中期　　D. 任何时候都可以

（　　）5. ______是烘焙上常用的干果。

A. 蔓越莓　　B. 葡萄干

C. 无花果　　D. 橘子皮

E. 以上都是

（　　）6. 葡萄干存放的温度为______才能保持原来的品质和风味，储存18个月不变质。

A. 7℃～12℃　　B. 20℃～30℃

C. 12℃～18℃　　D. 0℃以下

（　　）7. 干果使用前需用水清洗干净，用水浸泡，使之变软，否则产品将会______。

A. 内部粗糙　　B. 干果容易焦化脱落

C. 有大空洞　　D. 以上均有可能

（　　）8. 浸泡干果可以使用______。

A. 朗姆酒　　B. 水

C. 啤酒　　D. 以上均可

E. 只有 A 和 B

（　　）9. 盐的主要化学成分为______，在食盐中的含量为 99%。

A. 氯化钠　　B. 氯化钙

C. 碳酸钠　　D. 以上都有

（　　）10. 盐在蛋糕生产中的功能有______。

A. 烘托风味　　B. 降低甜度

C. 调节发酵速度　　D. 以上都是

E. 只有 A 和 B

（　　）11. 盐能产生咸味，蛋糕是甜的，故不能使用盐。

A. 对　　B. 不对

（　　）12. 盐对蛋糕内部颜色的作用有______。

A. 对颜色无影响　　B. 使颜色更白

C. 使颜色更暗　　D. 使颜色发黄

三、简答题

1. 制作葡萄干蛋糕时，为什么有时葡萄干会沉底？
2. 举例说明化学膨松剂是怎样增加蛋糕体积的。

模块五 其他各类蛋糕

师傅教路： 用面糊类、乳沫类和戚风类三类蛋糕，再加上一些辅料，可以制作出其他各式各样的蛋糕，如虎皮蛋糕卷、黄金皮蛋糕卷、椰皇蛋糕卷、木纹蛋糕卷、蜂巢蛋糕、全麦胡萝卜麦芬等。

虎皮蛋糕卷

一、配方

原料	烘焙百分比（%）	重量（克）
蛋黄	100	400
糖粉	40	160
低筋粉	11	44
盐	1	4
总计	152	608

二、制作方法

1. 提前把糖粉、低筋粉分别过筛，提前开好烤炉，温度设为250℃/140℃。

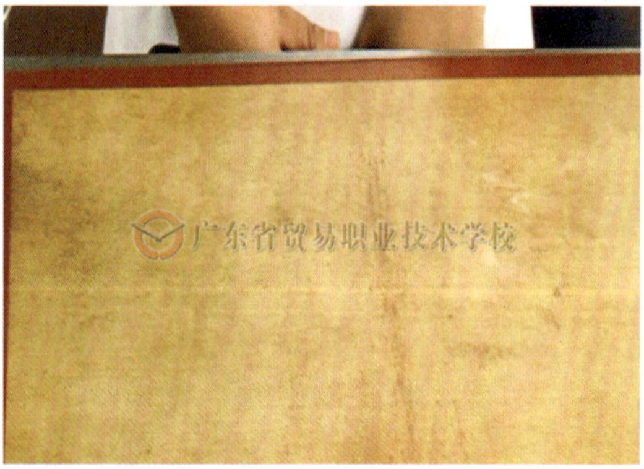

2. 提前准备好烤盘，并垫一层耐高温布。

3. 将糖粉、盐和蛋黄加入搅拌缸中，用搅拌球高速搅拌至湿性起泡。

4. 手工拌入低筋粉，拌匀即可。

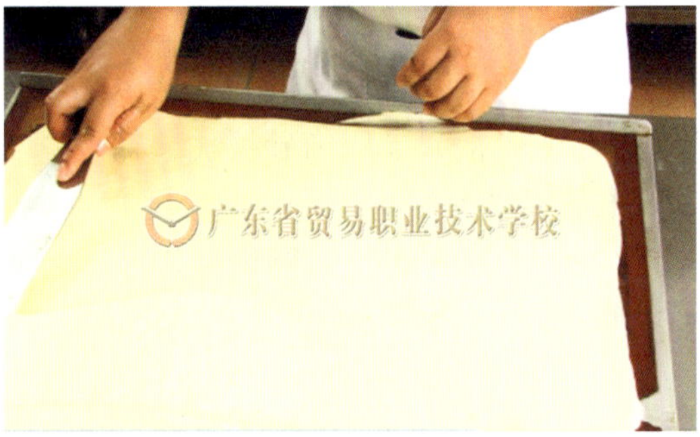

5. 把搅拌好的面糊铺在耐高温布上，抹平，入炉烘烤大约 5 分钟，温度设为 240℃/140℃。

6. 出炉，冷却至室温，抹上果酱，放上已做好的蛋糕卷，卷起来即可，然后切件。

三、产品照片

四、产品特点

虎皮蛋糕卷表面凹凸不平，纹路清晰，花纹效果与虎皮相似，蛋黄味道浓郁。

你讲我说：

1. 虎皮蛋糕卷的糖粉可以用细砂糖替代吗？
2. 虎皮蛋糕卷没有出现虎皮纹路的原因是什么？

高手支招：

1. 虎皮蛋糕卷的面糊搅拌时间比较短，如果用细砂糖代替糖粉，可能细砂糖还没来得及溶解，面糊就已经打好了。

2. 虎皮蛋糕卷没有出现虎皮纹路或虎皮纹路不清晰的原因是烘烤温度不够高，即面火温度不够高。

黄金皮蛋糕卷

一、配方

原料	烘焙百分比（%）	重量（克）
蛋黄	100	400
全蛋	10	40
糖粉	10	40
玉米淀粉	8	32
盐	0. 5	2
总计	128. 5	514

二、制作方法

1. 将蛋黄、全蛋、糖粉和盐用搅拌球高速搅拌至湿性起泡，手工拌入玉米淀粉。

2. 将拌匀的面糊平铺在已放在平烤盘上的耐高温烘焙布上。

3. 入炉烘烤大约 10 分钟，温度设为 210℃/140℃。

4. 出炉，冷却至室温，抹上果酱，放上已做好的蛋糕卷，卷起来即可。

三、产品照片

四、产品特点

黄金皮蛋糕卷组织细腻，口感柔软，外表皮光滑，呈金黄色。

椰皇蛋糕卷

一、配方

原料	烘焙百分比（%）	重量（克）
蛋黄	100	200
糖粉	100	200
奶油（熔化）	50	100
椰丝	100	200
柠檬酱	50	100
总计	400	800

二、制作方法

广东省贸易职业技术学校

1. 提前把糖粉过筛，提前开好烤炉，温度设为230℃/150℃。

广东省贸易职业技术学校

2. 将除奶油外的原料用手工打蛋器拌匀后，将奶油熔化，加入拌匀即可。

3. 将椰丝抹在蛋糕卷外部，用刮刀切成菠萝纹。

4. 入炉烘烤，温度设为230℃/150℃，烘烤至馅料凝固并且表面为金黄色即可。

三、产品照片

四、产品特点

椰皇蛋糕卷外皮颜色金黄，纹路清晰，椰香味浓郁。

想一想：

如何判断椰皇蛋糕卷外皮已经烤熟？

木纹蛋糕卷

一、配方

1. 木纹部分。

原料	烘焙百分比（%）	重量（克）
低筋粉	85	17
可可粉	15	3
糖粉	75	15
蛋白	100	20
奶油（熔化）	100	20
总计	375	75

2. 黄金皮部分。

原料	烘焙百分比（%）	重量（克）
蛋黄	100	400
全蛋	10	40
糖粉	10	40
玉米淀粉	8	32
盐	0.5	2
总计	128.5	514

二、制作方法

1. 提前把木纹部分的低筋粉、可可粉、糖粉混合过筛，把黄金皮部分的糖粉、玉米淀粉分别过筛。

2. 提前准备好烤盘，并垫一层耐高温布，提前开好烤炉，温度设为210℃/140℃。

3. 先将木纹部分的奶油熔化，与低筋粉、可可粉、糖粉、蛋白混合均匀成黑面糊。

4. 将黑面糊均匀涂抹一薄层在耐高温布上，用木轮根胶刮出木纹，拿去冷冻。

5. 将黄金皮部分的蛋黄、全蛋、糖粉和盐用搅拌球高速搅拌至湿性起泡，然后手工拌入玉米淀粉。

6. 取出冻硬的木纹皮，平铺上一层黄金皮面糊。

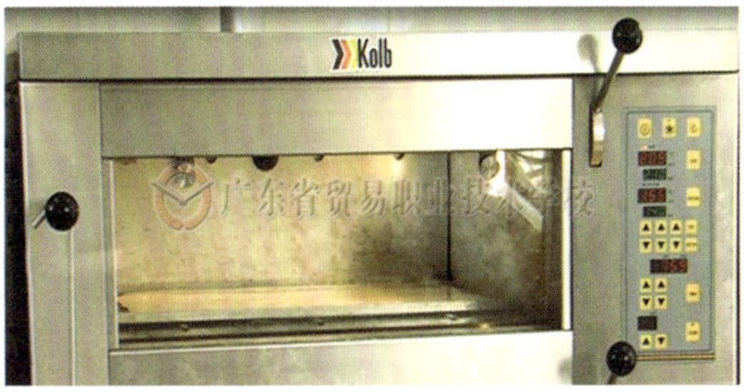

7. 入炉烘烤大约10分钟，温度设为210℃/140℃。

8. 出炉，冷却至室温，抹上果酱，放上已做好的蛋糕卷，卷起来即可。

三、产品照片

四、产品特点

木纹蛋糕卷木纹图案清晰、形象，颜色自然，蛋黄味浓郁。

动动脑筋：

木纹部分涂抹在耐高温布上以后为什么要放入冰箱冷冻？

蜂巢蛋糕

一、配方

原料	烘焙百分比（%）	重量（克）
鸡蛋	115	230
炼乳	160	320
色拉油	120	240
低筋粉	100	200
小苏打	6.5	13
蜂蜜	11	22
水	180	360
糖	100	200
总计	792.5	1 585

二、制作方法

广东省贸易职业技术学校

1. 提前把低筋粉、小苏打混合过筛，提前开好烤炉，温度设为210℃/190℃，模具刷上已熔化的奶油，然后沾上高筋粉。

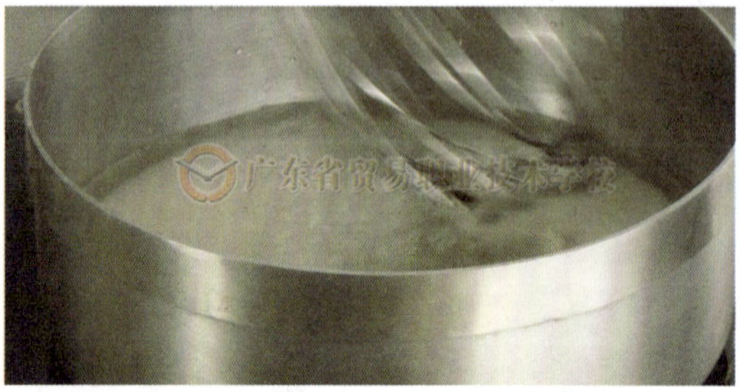

广东省贸易职业技术学校

2. 先把水、糖倒入锅里，煮开，再冷却到50℃。

3. 把鸡蛋、炼乳、蜂蜜、色拉油用手工打蛋器搅拌至稀糊状，加入低筋粉、小苏打。

4. 分多次加入已冷却的糖水，搅拌均匀。

5. 装模，大约八成满。

6. 用保鲜膜盖上，放在室温下静置25分钟。

7. 入炉烘烤大约25分钟，温度设为210℃/190℃。

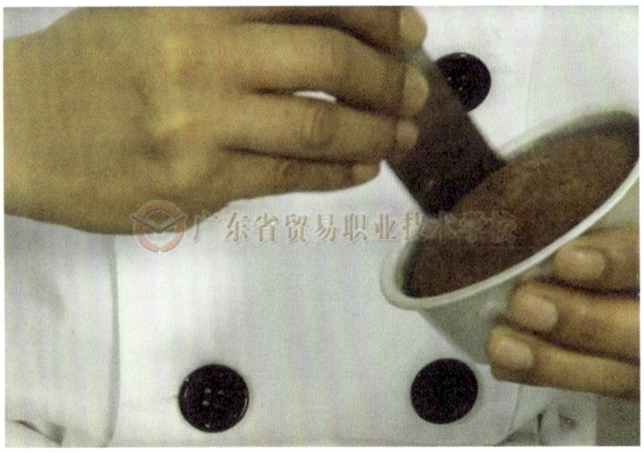

8. 出炉，马上脱模冷却。

三、产品照片

广东省贸易职业技术学校

四、产品特点

蜂巢蛋糕具有密密麻麻的如同蜂巢般的孔洞，质地柔软，口感清甜如胶质。

动动脑筋：

蜂巢蛋糕的蜂巢孔洞形成的原因是什么？

全麦胡萝卜麦芬

麦芬，又称马芬、玛芬，是英文 muffin 的汉语音译，意思是杯状小蛋糕或小松糕，是英国、美国等西方国家家庭常做的点心之一。

麦芬是介于面包和蛋糕之间的一类产品，但通常归于蛋糕类。

一、配方

原料	烘焙百分比（%）	重量（克）
全麦粉	50	400
面包粉	25	200
蛋糕粉	25	200
小苏打	2. 5	20
糖	75	600
肉桂粉	1. 25	10
丁香粉	0. 375	3
盐	0. 625	5
鸡蛋	56. 25	450
色拉油	52. 5	420
胡萝卜丝	62. 5	500
葡萄干	18. 75	150
烤过的碎核桃仁	12. 5	100
总计	382. 25	3 058

二、制作方法

1. 提前把全麦粉、面包粉、蛋糕粉、小苏打混合过筛，提前开好烤炉，温度设为190℃/180℃。

2. 葡萄干提前浸泡，水不可过多，适当加入一些朗姆酒，使用前裹入适量的高筋粉。

3. 将全麦粉、面包粉、蛋糕粉、小苏打、糖、肉桂粉、丁香粉、盐放入搅拌缸中，使用搅拌球慢速搅拌均匀。

4. 加入鸡蛋，然后高速搅拌约2分钟。

5. 加入色拉油、胡萝卜丝、葡萄干和核桃仁，搅拌均匀，装模，大约七成满，表面撒碎核桃仁。

6. 入炉烘烤大约25分钟，温度设为190℃/180℃，出炉，冷却。

三、产品照片

四、产品特点

全麦胡萝卜麦芬中间鼓起，形成一尖峰，营养丰富，口感多样化。

蛋糕大讲坛　蛋糕原料的选用（五）

一、水分

师傅教路：

水在蛋糕制作中可以溶解物料。调整水的加入量可以调节面糊的稀稠度，从而改变蛋糕成品的柔软度和保鲜期。

控制加入的水的温度可以调节面糊的温度，使面糊中的淀粉吸水膨胀，受热糊化，形成蛋糕的组织结构。

高手支招：

蛋糕配方中水分不够时，面糊比重较低，在炉内受热快，而糖的浓度较高，故表皮厚而颜色深，或有白色未溶糖粒的斑点，蛋糕内部组织粗糙，颗粒大，颜色深，甜味较浓，食后生厌。而蛋糕配方中水分太多时，蛋糕进炉膨胀时间较长，蛋糕中央隆起很高，接触烤炉上火较多，所以表皮中央颜色较外围深，蛋糕出炉后会马上收缩，体积较正常蛋糕小，但内部组织紧密，底部中心部分有深色的水线，底部有硬块或表皮，容易与糕体分离，这类蛋糕不易烤熟，吃起来会黏牙。

二、乳制品

乳制品是指以生鲜牛（羊）乳为主要原料，经加工而制成的各种乳产品。乳制品共分为六大类：液体乳类、乳粉类、炼乳类、乳脂肪类、干酪类、其他乳制品类。

乳制品在蛋糕制作中起到如下的作用：①提高营养。②增加表皮颜色。③增加风味、香味和口感。④缓冲作用，防止面糊的 pH 值下降。

烘焙大视野　食用香精在烘焙食品中的应用

烘焙食品是指以谷物为主原料，采用烘焙加工工艺定型和熟制的一类食品。

在烘焙食品中加入适当的、适量的香精，对改善烘焙食品的食用品质、增加和强化风味，有着很好的作用——它赋予烘焙食品诱人的香气，触动消费者的嗅觉感官，引发消费者的购买欲望。

例如，在夹心面包中使用果香型香精可以赋予面包新鲜的水果风味，改善烘焙食品中不良的气味或补充香气；在蛋糕中使用蛋糕香精（大多数蛋糕香精含有乳脂香型原料）可以掩盖蛋腥味，稳定和辅助烘焙食品固有的香气；在巧克力饼干中加入巧克力香精可以使巧克力饼干香气更加饱满。

同时，在烘焙食品中，食用香精经常被用来不断创造新口味的产品，促进口味多样化。

食用香精按其性质可分为水溶性香精、油溶性香精、水油两用性香精、乳化香精和粉末香精。在烘焙食品的生产过程中考虑到其特殊的高温要求，必须要用耐高温的香精。耐高温的香精一般选用沸点高的丙二醇、色拉油或粉末作为香精载体，对于一些高附加值的烘焙产品可以添加采用微胶囊技术包裹的粉末香精。

烘焙食品中加入香精的时间，要分为三个不同的阶段：

1. 在原料搅拌阶段加入。

即把香精、香料直接与面粉及其他原辅料混合，搅拌成面团或面糊。几乎所有的烘焙食品都是在这个阶段添加香精。

由于在面团或面糊成型后要经过高温烘烤，所以在选用烘焙食品的香精时，必须考虑香精的耐高温性能。一般选用油溶性香精或者粉末香精。为使香气均匀分布，在判定香精是溶于水还是溶于油后，根据“相似相溶”的原理，先将香精溶于水或油脂类原料中，再将带有香精的油脂或水与其他原料均匀混合。

在选用时，要求选用易于分散，没有凝冻、沉淀等不良现象的香精。同时，在面团或面糊搅拌过程中，要尽量避免香精与化学疏松剂直接混合。

2. 在烘烤出炉阶段加入。

这种方法主要用于饼干制作上。饼干出炉后，在其表面喷洒溶有香精的食用油或撒上固体粉末香精及香料。

通常饼干出炉后都要经过喷油工序，所以可利用喷用油为载体，将香精溶于其中再喷洒于饼干的表面。如果在饼干上下表面喷油，效果更好。这种可以避免高温烘烤的喷油方式，方便了生产厂家。但是这种加香方式也不能完全避免受热损失。刚出炉的饼干，表面温度可达 180℃，中心温度约 110℃。所以先将香料与喷用油充分混匀，使油温保持在 80℃～90℃。使用粉末香精可借鉴膨化食品的加香方式，将粉末香精均匀地撒于饼干表面，将出炉的饼干输入滚筒内，使香精在饼干表面得到均匀分布。

3. 在食品后处理阶段加入。

（1）可在食品表面涂抹香精、香料，即把香精、香料和其他配料混匀后，涂抹于食品表面。如派类食品、曲奇类食品、道纳司食品等。

（2）可在有夹心的食品中，把香精、香料均匀地混入夹心原料中，从而使食品增香。如马卡龙曲奇、夹心曲奇等。

在食品后处理阶段加入香精，这种加香工艺比较简单，对香精的要求不是很高，一般水油两用性香精就可以达到要求。

总之，在给烘焙食品加香时，要根据消费者的年龄层次和口味嗜好等特点，对不同口味的食品进行针对性的加香。选择和应用食用香精时，要掌握它们自身的物理性质和化学性质，在口感上要注意香精香料与整个食品配方口味的一致性。在香精香料的用量上要严格控制，既要避免用量少、香味不突出，又要避免用量太多给食品带来不良的异味。用量适中就可使食品香飘四溢，令消费者回味无穷。

知识拓展 蛋糕常用的香料和色素

一、制作蛋糕常用的香料

我们在制作蛋糕时为了丰富产品种类，经常会添加一些食用香料、香精。

食用香料是指能够用于调配食品香精，并使食品增香的物质，是一类特殊的食品添加剂。其品种多、用量小，大多存在于天然食品中。食用香精是指用来起香味作用的浓缩配制品，它可以含有也可不含有食用香精辅料。

食用香料一般可分为天然香料和合成香料。

1. 香兰素，又称香草粉、香草醛，白色或浅黄色、针状或结晶状的粉末，不溶于冷水。香兰素有浓烈的奶香气息，同时可以掩盖和去除不好的味道，如蛋腥味等，所以可广泛应用在各种蛋糕、西点、面包和饼干中。其在焙烤食品中的使用限量为220mg/kg。

2. 云呢拿，是英文 vanilla 的汉语音译。云呢拿油就是油状的香兰素，功效与香兰素是一样的。

3. 色香油，是蛋糕常用的一种上色上味添加剂。色香油能调制出哈密瓜、巧克力、香芋、凤梨、草莓、甜橙、香蕉、柠檬、蓝莓、水蜜桃、苹果、葡萄等十几种口味。

4. 绿茶粉，是采用超微粉研磨设备，并经瞬间恒定低温加工后的粉状绿茶。其呈超微粉状，颜色翠绿，细腻，最大限度地保持绿茶原有的天然绿色以及营养、药理成分。

5. 肉桂粉，是由肉桂或大叶清化桂的干皮和枝皮制成的粉末，有浓郁的肉桂香味，多用于蛋糕及其他烘焙产品。

二、蛋糕常用的色素

蛋糕中常用的食用色素称为着色剂，是指赋予食品色泽和改善食品色泽的物质。

（一）常用的天然色素

目前我国批准使用的48种天然色素中，有多种是功能性天然色素。

天然食用色素是指直接来自动植物组织的色素，除藤黄有剧毒不使用外，其余对人体健康一般无害。我国允许使用并已制定国家标准的天然食用色素有姜黄素、虫胶色素、红花黄色素、叶绿素铜钠盐、红曲米、焦糖、胡萝卜素、辣椒红素及甜菜红。

（二）常用的人工合成色素

在我国目前允许使用的合成色素有苋菜红、胭脂红、柠檬黄、日落黄、靛蓝和亮蓝等。

小贴士：

食用色素分为水溶性和脂溶性两大类。合成色素均为水溶性色素，天然色素则既有水溶性的也有脂溶性的。水溶性色素只能用水或果汁等来溶解，脂溶性色素则只能溶解在油性物质里，如裱花的奶油，就只能使用脂溶性色素。

模块五自我测验题

一、填空题

1. 虎皮蛋糕卷的外皮，其所用的糖应该是______。

2. 制作全麦胡萝卜麦芬时，使用面粉包括______粉、______粉、______粉。

二、单项选择题

(　　) 1. 烘烤后蛋糕中央隆起很高，蛋糕出炉后马上收缩，体积较正常蛋糕小，吃起来会黏牙，说明蛋糕配方中______。

A. 水分过少　　B. 水分过多

C. 与水量无关　　D. 无法确定

(　　) 2. 蛋糕内部组织粗糙，颗粒大，颜色深，甜味较浓，皮层下空空似无物的感觉，说明蛋糕配方中______。

A. 水分过少　　B. 水分过多

C. 与水量无关　　D. 无法确定

(　　) 3. ______不属于乳制品。

A. 芝士　　B. 植脂鲜奶油

C. 干酪素　　D. 乳清粉

(　　) 4. 淡奶和甜炼乳都属于浓缩奶，它们的成分主要区别在于______。

A. 淡奶含糖多　　B. 淡奶含糖少

C. 含盐不同　　D. 以上都不是

(　　) 5. 鲜牛奶中含量最多的成分是______。

A. 水　　B. 蛋白质

C. 乳糖　　D. 脂肪

(　　) 6. 以下对蛋糕中使用乳制品的作用描述不对的是______。

A. 增加营养　　B. 增加风味

C. 延长保质期　　D. 使蛋糕颜色变浅

(　　) 7. 乳制品在蛋糕中的作用有______。

A. 提高营养　　B. 增加表皮颜色

C. 增加风味　　D. 延长保质期

E. 以上都是

(　　) 8. ______属于合成香料。

A. 大蒜油　　B. 肉桂油

C. 丁香酚　　D. 柠檬油

(　　) 9. 能溶解在水里的香精，称为______。

A. 油溶性香精　　B. 水溶性香精

C. 乳化香精　　D. 非乳化香精

(　　) 10. 甜橙油属于______。

A. 天然香料　　B. 合成香料

C. 天然色素　　D. 合成色素

三、简答题

1. 试分析虎皮蛋糕卷外皮无法正常形成的原因。
2. 说说乳制品对蛋糕制作的影响。

参考文献

1. 徐华强，黄登训，顾德材．蛋糕与西点．台北：中华谷类食品工业技术研究所，1995.

2. 马涛．烘焙食品工艺．北京：化学工业出版社，2006.

3. 吴孟．中国糕点．北京：中国商业出版社，1989.

4. 张守文．面包科学与工艺学．北京：中国轻工业出版社，2003.

5. 朱珠，梁传伟．焙烤食品加工技术．北京：中国轻工业出版社，2006.

6. 张妍，梁传伟．焙烤食品加工技术．北京：化学工业出版社，2006.

7. 糖和糖浆在烘焙食品中具有哪些方面的作用．http：//www. spgykj. com/dushow. php？ id = 141.

8. History of chiffon cake. http：//whatscookingamerica. net/History/Cakes/ChiffonCake. htm.

9. 戚风蛋糕．http：//baike. baidu. com/views/571812. htm.

10. 美国大杏仁．http：//www. baike. com/wiki/美国大杏仁 &prd = button_ doc_ jinru.

11. 部分“美国大杏仁”已更名巴旦木．http：//www. morningpost. com. cn/fashion/ssys/2013 – 01 – 09/407493. shtml.

12. 王国宝讲核桃的功效与作用．http：//www. 39yst. com/20130328/116707. shtml.

13. Muffin. http：//en. wikipedia. org/wiki/Muffin.

14. 食用香精在烘焙食品中的应用．http：//www. china – bakery. com. cn/jishujiaoliu/jishuzixun/2010 – 07 – 15/760. html.